Hühner halten im Garten

Hühner halten im Garten

Der Weg zum eigenen Bio-Ei

SUZIE BALDWIN

blv

Fotos: Christian Barnett
Zeichnungen: Becca Thorne
Übersetzung: Kirsten Nutto, Jorunn Wissmann

Inhalt

Mein heute sehr enges Verhältnis zu Hühnern nahm vor fünf Jahren seinen Anfang, kurz nachdem ich mir ein Haus auf dem Land gekauft hatte. Damals hätte ich mir nie träumen lassen, dass wir uns einmal so nahe kommen und Hühner mir so sehr ans Herz wachsen würden.

Meine ersten Hühner brachten wir noch provisorisch in einem alten, von einem Drahtzaun umgebenen Gartenhäuschen unter. Wenn ich zu Hause war, ließ ich sie tagsüber heraus, damit sie frei im Garten herumlaufen konnten. Die Hühner wurden so zahm, dass sie oft zur Küchentür spazierten, um Hallo zu sagen – wenn auch vermutlich mit der heimlichen Absicht, einen kleinen Snack abzustauben. Rief ich sie abends bei Sonnenuntergang, kamen sie angerannt und folgten mir auf dem Fuß bis zu ihrer Hütte. Meiner Freundin Shirley ging es ähnlich: Spazierte sie mit ihrem Hund Maisie an der Leine durch den Garten, liefen sie fröhlich hinter ihr her. Doch dann bekamen die Füchse Wind von den Hühnern, und mit einem Freund machte ich mich daran, eine sicherere Unterkunft zu bauen, die wir ›Pickingham-Palast‹ tauften.

Meinen aktuellen Bestand von drei wunderschönen weißen Sussex-Hühnern habe ich nun seit zwei Jahren. Sie legen die besten Eier der Welt, damit meine ich die besten, die ich je gegessen habe: köstlich sahnig und nicht zu vergleichen mit den Eiern, die man im Supermarkt kaufen kann. Wer meine gekochten Eier probiert, will unbedingt mein Geheimrezept wissen, aber an der Zubereitung liegt es nicht – die Eier selbst sind einfach unvergleichlich gut.

Wenn ich beruflich unterwegs bin, vermisse ich es richtig, dass ich keine Essensreste für die Hühner aufheben kann, denn ich hasse Verschwendung. Meine Schwester Natasha hielt auf ihrer Farm im Bundesstaat New York lange vor mir Hühner, und sie schwor, deren Leibspeise seien Pasta mit Salat!

Zu Beginn des Frühjahrs kränkelte eines meiner Hühner. Ihm gingen Federn aus, und der Kamm war blass. Ich holte mir Rat bei meinen kundigen Freunden auf dem Bauernhof, wo ich meine Hühner gekauft hatte. Sie rieten mir, dem Trinkwasser Vitamine zuzusetzen, und offenbar war dieses Stärkungsmittel genau das Richtige: Zwei Wochen später war sein Kamm wieder leuchtend rot. Sofort rief ich meine Mutter in Amerika an und plapperte ihr die Ohren voll, wie sehr ich mich darüber freute, dass ich einem meiner Hühner hatte helfen können.

Ich garantiere Ihnen, auch Sie werden feststellen, wie faszinierend und erfüllend die Hühnerhaltung ist. Zwar frage ich mich manchmal, warum ich überhaupt Hühner halte, wo ich doch beruflich so oft unterwegs bin. Aber sobald ich nach Hause komme, gehe ich als Erstes hinaus in den Garten, um die neu gelegten Eier einzusammeln – die zwar nur von schlichter, hellbrauner Farbe, aber ihr Gewicht in Gold wert sind!

Joely

Warum gerade Hühner?

Hühnerhaltung

Als ich vor über zwanzig Jahren anfing, Hühner zu halten, wurde dies als höchst seltsames, ja, bizarres Hobby betrachtet und man hielt mich für komplett verrückt! Heute ist das Halten von Hühnern Gottseidank ein immer beliebter werdendes Hobby – eines, dem die unterschiedlichsten Leute, junge wie alte, fröhnen.

Hühner sind, sofern sie artgerecht gehalten werden, eine Bereicherung fürs Leben – und machen geradezu süchtig nach mehr. Selbst wenn man nur ein oder zwei Hühner hält, möchte man sie nicht mehr missen. Seien Sie gewarnt: Viele Leute, die ihre Mädels durch Altersschwäche oder einen Fuchs verloren haben, berichten, sie wären danach in ein tiefes Loch gefallen. Einer engen Freundin, deren Hühner der Fuchs geholt hatte, brach es fast das Herz, so dass sie beschloss, keine neuen Hühner anzuschaffen. Deshalb war ich sehr überrascht, als ich sie in der Woche darauf mit einer Kiste im Arm antraf. Ohne Hühner, erklärte sie, fehle ihrem Garten die Seele, die Nacktschnecken hätten die Blumenbeete verwüstet, sie hätte ein Pfund zugenommen, da sie ihre Kekse mit niemandem mehr teilen könne, ganz zu schweigen davon, dass ihre Telefonrechnung exorbitant gestiegen sei, weil sie keine Mädels mehr zum Reden hätte!

Bevor man sich Hühner anschafft, gilt es jedoch einiges zu bedenken: Gibt es irgendwelche Vorschriften, Gemeindeverordnungen oder einen Eintrag im Grundbuch, die eine Geflügelhaltung einschränken oder verbieten? Hat man genug Zeit für die Tiere? Und genug Geld? Hühner sind zwar recht billig in der Haltung, doch können die Anschaffungskosten zu Beginn recht hoch sein, zudem benötigen sie Schutz vor Räubern. Man muss auch Zeit haben, um sich ein bisschen seinen Mädels zu widmen, damit man nicht nur von ihren Eiern profitiert, sondern auch von ihrem einnehmenden Wesen. Dann sollte man nicht vergessen, dass es ab und zu auch laut werden kann. Hühner sind zwar relativ leise, aber nur wenn kein Hahn dabei ist; laut werden sie auch, wenn sie allen mitteilen wollen, dass sie gerade ein Ei gelegt haben. Desweiteren benötigt man einen »Hühner-Sitter«, der auf die Mädels aufpasst, wenn man in Urlaub fährt. Meist kann man einen Nachbarn oder Freunde dazu überreden, wenn sie dafür die frischen Eier behalten dürfen.

Wer sein eigenes Gemüse zieht, hat noch einen Vorteil: Hühner liefern nicht nur einen prima Dünger für den Garten, sondern befreien ihn auch von Unkraut und unerwünschten Gästen. Sie können zwar Nagetiere wie Mäuse anlocken, aber wer auf Sauberkeit achtet und altes Futter rasch entsorgt, wird kaum Probleme bekommen. Sind Sie ein begeisterter Gärtner, der seine Blumen liebt, dann sollten Sie vorsichtshalber die Hühner nicht in deren Nähe lassen – die Vorstellungen von Mensch und Huhn, was ein schöner Garten ist, sind nämlich diametral entgegengesetzt! Mir reichen meine Mädels als »wandelnde Blumen«.

Wer das Gefühl hat, die Haltung von Hühnern sei für ihn zu aufwändig, kann sich Nachbarn oder Freunde mit ins Boot holen; warum nicht seine Hühner – und

RECHTS: Das ziemlich verzogene, zitron-porzellanfarbige Federfüßige Zwerghuhn einer Freundin.

die damit verbundene Arbeit – teilen? Verfügen Sie über einen großen Garten bzw. eine große Wiese, können Sie beispielsweise diesen Platz zur Verfügung stellen. Mittlerweile gibt es immer mehr solcher Gemeinschaften, die gemeinsam Hühner in Schrebergärten oder auf privaten Anwesen halten.

Meiner Erfahrung nach verändert sich Ihr Leben zum Positiven, wenn Sie sich dazu entschließen, Hühner anzuschaffen. Sie sind nämlich hervorragende »Stresskiller« und zudem äußerst faszinierend – man kann sie stundenlang beobachten. Außerdem geht es einem gleich besser, wenn man nach einem langen Arbeitstag heimkommt und von fröhlichem Gegacker begrüßt wird. Viele Leute finden es auch schön, Gleichgesinnte kennen zu lernen, die ihnen mit Rat und Tat zur Seite stehen und überdies ihre Eier kaufen. Mithilfe von Hühnern kann man Kindern auch Verantwortungsbewusstsein und Respekt beibringen. Sie lernen schnell, dass sie, wenn sie sich gut um ihre Hühner kümmern, nicht nur die Befriedigung erleben, gute Arbeit geleistet zu haben, sondern auch mit Eiern belohnt werden. Manche Kinder werden sogar äußerst geschäftstüchtig – ich kenne einige, die sich Hühner zugelegt haben, um die Eier zu verkaufen und so ihr Taschengeld aufzubessern.

Dieses Buch soll Ihnen nicht nur als Ratgeber für die Hühnerhaltung dienen, sondern Ihnen auch Spaß an der Sache vermitteln und helfen, gängige Probleme möglichst zu vermeiden. Natürlich kann es, wie bei jeder Tierhaltung, auch mal Schwierigkeiten geben – doch die Art und Weise, wie man sich um seine Mädels kümmert, bestimmt, wie erfolgreich und erfreulich die Erfahrung als Hühnerhalter wird. Die meisten Probleme sind vermeidbar, und je besser Sie sich vorab informieren, desto weniger stressig und angsteinflößend wird es – sowohl für Sie als auch für Ihre Hühner. Dieses Buch soll jedem helfen – dem blutigen Anfänger ebenso wie dem erfahreneren Hühnerhalter –, an seiner Hühnerschar möglichst viel Freude zu haben. Deshalb finden Sie in diesem Buch Informationen zu den unterschiedlichsten Dingen, beispielsweise: Worauf vor dem Kauf von Hühnern zu achten ist; wie man Hühner dazu bringt, an ihrem ersten Abend im neuen Zuhause ins Bett zu gehen; wie man die Eiausbeute maximiert; wie man mit brütenden Hennen umgeht; wie man sicherstellt, dass die Hühner zu jeder Jahreszeit gut versorgt sind; wie man auf ihre Gesundheit achtet; und was man tun soll, wenn sich ihr Leben dem Ende zuneigt.

Ich finde, es ist einfacher, Hühner zu halten als Hunde – mit ihnen muss man z. B. nicht Gassi gehen –, und sie passen zu fast jedem Lebensstil. Sie lernen rasch, eine Stimme zu erkennen und kommen angelaufen, wenn sie diese hören, und überdies bekommt man mehr als nur Liebe zurück – nämlich frische Eier! Mit guter Pflege und unter Berücksichtigung meiner Tipps, die auf jahrelanger Erfahrung basieren, werden Sie sich an ruhigen, pflegeleichten Eierlegern erfreuen können, die Ihnen aus der Hand fressen.

Das Halten von Hühnern hat mein Leben verändert. Im Laufe der Zeit habe ich viele Freunde gewonnen, junge wie alte, und ich habe das Vergnügen, stets frische Eier einsammeln zu dürfen – was an kalten Tagen besonders angenehm ist, da man seine Hände wunderbar an ihnen wärmen kann.

KURSE ÜBER HÜHNERHALTUNG

Viele Hühnerzüchter bieten solche Kurse an; sie sind sehr beliebt und, wie mir Kursteilnehmer berichteten, profitiert man vom Wissen der Fachleute enorm. Sie sind informativ und praxisnah, und gerade für jene, die unsicher sind, eine große Hilfe. Man lernt zudem Gleichgesinnte kennen und knüpft neue Freundschaften. Ich weiß von drei Frauen, die sich in einem solchen Kurs kennen gelernt, sofort verstanden und sich gegenseitig geholfen haben; sie treffen sich heute noch regelmäßig. Schauen Sie im Internet nach einem Kurs in Ihrer Nähe – nach dessen Besuch wissen Sie mit Sicherheit, ob die Hühnerhaltung etwas für Sie ist.

RECHTS: Meine gelben Orpingtons naschen frische Brombeeren.

LINKS: Ein kleine Pause, um meine Mädels zu beobachten, ist immer drin.

Fünf Gründe, warum man Hühner halten sollte

1 Man wird jeden Tag mit frischen Eiern von freilaufenden Hühnern versorgt. In Supermärkten sind die meisten »frischen Eier« schon über drei Wochen alt. Untersuchungen zeigen auch, dass Bio-Eier von freilaufenden Hühnern deutlich weniger Cholesterin enthalten als Eier von Hühnern aus intensiver Tierhaltung.

2 Es ist eine gute Möglichkeit, Kindern Verantwortungsbewusstsein und die Pflege von Tieren beizubringen. Kinder lieben es, Eier einzusammeln – so wird das Bewusstsein für Zusammenhänge geschult, sie lernen beispielsweise, wo Nahrungsmittel herkommen.

3 Sie sind pflegeleicht und anhänglich. Es gibt viele unterschiedliche Rassen für jeden Geschmack, aber auch für jeden Gartentyp.

4 Wegen ihres hohen Unterhaltungswertes. Hühner sind äußerst faszinierend, und alleine in ihrer Nähe zu sein, erfreut das Herz und macht gute Laune.

5 Hühnermist ist reich an Stickstoff, Phosphor und Kalium und liefert somit einen prima Dünger für den Garten. Man darf ihn jedoch nicht pur an die Blumen geben, da er zu scharf ist. Hühner haben außerdem Nacktschnecken zum Fressen gern.

Fünf häufig gestellte Fragen

1 Wie viele Hühner brauche ich? Je nach Rasse legt eine Henne bis zu 300 Eier pro Jahr, also fast jeden Tag eines (s. S. 43–52 und S. 105). Ich empfehle, mindestens drei Hühner zu halten, da es bei zwei Tieren schnell zu Streitigkeiten kommt.

2 Brauche ich einen Hahn? Nein. Hühner mögen es, wenn ein Hahn in der Nähe ist, aber dies hat keinerlei Auswirkungen auf ihr Legeverhalten. Wenn Sie in einer dicht besiedelten Gegend wohnen, ist es Ihren Nachbarn gegenüber fairer, keinen zu halten.

3 Wo soll ich meine Hühner kaufen? Immer bei einem Händler mit gutem Ruf, der auch bereit ist, Ihnen mit Rat und Tat zur Seite zu stehen.

4 Wie hoch ist die Lebenserwartung von Hühnern? Eine glückliche, freilaufende Henne kann je nach Rasse fünf bis zehn Jahre alt werden.

5 Benötige ich eine Genehmigung für die Hühnerhaltung? Wenn Sie Hühner nur zum Privatvergnügen halten wollen, werden Sie kaum mit Einschränkungen rechnen müssen, doch ist es immer sinnvoll, sich vorab bei den örtlichen Behörden zu erkundigen.

BEWARE
OF THE
HEN POO

Unterbringung, Ausstattung und Futter

Unterbringung, Ausstattung

Die Grundaustattung für die Hühnerhaltung sieht folgendermaßen aus: Hühnerstall, Auslauf, Futterspender, Tränken, Einstreu, Futter und Grit, ferner Kehrschaufel und Handfeger, Spachtel, Desinfektionsmittel sowie Handschuhe zum Saubermachen. Und einen Korb zum Eier einsammeln.

Eines Tages kam eine Frau zu mir, um zwei Hennen zu kaufen – für ihre Küche. Als ich sagte, sie meine wohl für den Garten, antwortete sie: »Nein, ich will sie in einem Hundekäfig in der Küche halten, weil ich sie nur zum Eierlegen brauche.« Ich weigerte mich natürlich, ihr eines meiner Mädels zu verkaufen!

Hühnerställe

Heute sind unzählige Varianten von Hühnerställen auf dem Markt. Meiden sollte man mit Dachpappe gedeckte Versionen, da sich dort gerne Rote Vogelmilben einnisten. Es ist fast unmöglich, ihnen beizukommen, da kein Mittel Dachpappe durchdringen kann. Ist ein Hühnerhaus sehr billig, hält es meist auch nicht lange. Man sollte darauf achten, dass das Holz mit Schutzmittel behandelt wurde und die Bretter dick genug sind, um gegen Kälte zu isolieren und Räuber abzuhalten. Schloss und Scharniere müssen robust und von guter Qualität sein, ebenso der Drahtzaun des Auslaufs. Um die Reinigung zu erleichtern, sollten Sitzstangen abnehmbar sein. Die Nester müssen gut erreichbar sein, um die Eier problemlos entnehmen zu können. Bewährt hat sich, wenn sich drei Hennen ein Nest teilen. Überlegen Sie, ob Sie einen feststehenden oder mobilen Hühnerstall wollen. Letzere haben den Vorteil, dass sich der Boden nach dem Versetzen erholen kann, doch bleiben immer unansehnliche, kahle Stellen zurück. Feststehende Ställe können fuchssicher gemacht und auf eigene Bedürfnisse zugeschnitten werden.

Es sind auch Ställe aus Kunststoff erhältlich, die gut geeignet und zudem komplett fuchssicher sind. Hier sind die Chancen auch deutlich geringer, dass sich Rote Vogelmilben einnisten, da sie weniger Risse und Spalten aufweisen, obwohl die Erfahrung gezeigt hat, dass Rote Vogelmilben überall auftauchen können. Ist dies bei einem Kunststoffstall der Fall, kann man ihn problemlos mit dem Schlauch reinigen – allerdings tötet Wasser Rote Vogelmilben nicht ab, und sobald der Stall trocknen ist, lassen sie sich wieder darin nieder.

Inzwischen sind auch gebrauchte Hühnerställe auf dem Markt, da viele Leute ihren Bestand aufstocken, wenn sie Gefallen an der Hühnerhaltung gefunden haben, und wenn sie einen größeren Stall benötigen, verkaufen sie den alten. Ein Nachteil kleiner Kunststoffhäuser besteht darin, dass man alle Arbeiten auf Knien durchführen muss.

Mir gefallen Hühnerställe aus Holz am besten, da sie natürlich wirken und optisch ansprechender sind.

RECHTS: Noch etwas unsichere Hennen in ihrem neuen Zuhause.

CHECKLISTE FÜR DEN HÜHNERSTALL

Holz: Muss richtig behandelt sein, damit es wetterfest und lange haltbar ist.

Dach: Am besten aus Holz (keine Dachpappe), am Rand überstehen lassen, damit das Wasser ablaufen kann. Geeignet ist auch mit Bitumen bestrichenes Wellblech.

Luftzirkulation: Mit Maschendraht abgedeckte Löcher sorgen für frische Luft ohne Zugluft – die Zahl der Löcher hängt von der Größe des Stalles ab.

Hühnerklappe: Der Eingang eines Hühnerstalls ist in der Regel 30 × 30 cm groß und mit einer Schiebeklappe und/oder einer Hühnerleiter mit Sprossen versehen, die Räuber fern hält.

Mein absoluter Favorit ist ein erhöht stehender Hühnerstall mit einem nach oben führenden Zulauf. Er ist leicht zu reinigen, da sich die zu säubernde Fläche auf Hüfthöhe befindet, unter dem Stall ist Platz, um Snacks, Futterspender und Tränken aufzubewahren, und Nagetiere werden abgeschreckt, da sich auf Bodenhöhe keine dunklen Stellen finden, an denen sie sich auf die Lauer legen können. Aufgrund der höheren Lage kann die Luft besser zirkulieren, es ist heller, selbst wenn der Stall im Schatten steht, ein weiterer Auslauf lässt sich gut anbauen, und die Hühner können sich auf verschiedenen Ebenen bewegen. In der Regel lässt sich der Stall leicht von zwei Personen versetzen, man kann ihn aber auch fest verankern.

Wie viel Platz benötigt man?

Nach Eier-Vermarkungsnorm sollte eine Freilandhenne tagsüber mindestens 4 Quadratmeter Auslauffläche zur Verfügung haben. Man kann aber gar nicht oft genug darauf hinweisen, dass Hühner umso glücklicher sind, je mehr Freilauf sie haben.

Bevor Sie sich einen Stall mit Auslauf zulegen, sollten Sie erst einmal gründlich planen und nichts überstürzt kaufen. Nehmen Sie sich die Zeit, alle Optionen durchzudenken, sich umzusehen, Fragen zu stellen und Anregungen zu holen! Eine Kundin berichtete mir einmal, sie wohne an einem Kanal und hätte oft ein Hausboot vorbeifahren sehen, auf dem sich ein Hühnerstall mit Freilauf befand – und sich dann gedacht, wenn das auf einem Boot möglich ist, ist das auch in meinem Garten möglich!

Hühner lassen sich in den meisten Gärten halten – solange man nicht zu viele auf zu engem Raum zusammenpfercht, denn damit beschwört man Probleme herauf: Man muss den Stall nicht nur ständig saubermachen, sondern hat auch immer mit Verhaltensstörungen und Krankheiten zu kämpfen.

Wer nur über ein begrenztes Budget verfügt, kann einen Stall aus zweiter Hand kaufen. Dieser sollte jedoch vor dem Kauf gründlich untersucht werden – nur allzuleicht nimmt man sonst auch Rote Vogelmilben mit nach Hause. Einmal kam eine Frau völlig aufgelöst auf meinen Hof, im Kofferraum ihres Wagens einen gebrauchten Hühnerstall – vermeintlich ein Schnäppchen, allerdings mit einer unwillkommenen Zugabe: unzähligen roten Vogelmilben, die auf ihr und im ganzen Auto herumkrabbelten.

Auch ein Schuppen oder ein ausgedientes Kinderspielhaus lassen sich umfunktionieren – man muss nur auf eine gute Luftzirkulation achten und Sitzstangen sowie Nester anbringen. Ein paar selbst gebohrte Löcher über der Tür sorgen für die nötige Luftzufuhr, allerdings sollte man sie mit Maschendraht abdecken, damit keine Räuber hineingelangen können.

Viele Leute besuchen mich, um mir Aufnahmen von ihren Ställen und Freigehegen zu zeigen. Einige davon sind wirklich erstaunlich. Ein Ehepaar hatte sein Gartenhaus umgebaut und mit doppelverglasten Fenstern, Zentralheizung und einem Briefkasten versehen! Solange man den Bedürfnissen eines Huhnes gerecht wird, sind der Fantasie keine Grenzen gesetzt.

Sitzstangen: Diese sollten rund, ca. 4 cm im Durchmesser und abnehmbar sein, zudem oberhalb der Nester angebracht werden. Bei mehreren Sitzstangen müssen sie so angeordnet sein, dass die Vögel nicht übereinander sitzen, damit die unteren nicht mit Kot beschmutzt und gepickt werden können.

Nester: Für drei Hühner rechnet man in der Regel ein Nest. Nester am besten im dunkelsten Teil des Stalles anbringen.

Boden: Hier gibt es verschiedene Möglichkeiten: zum Herausnehmen, fest eingebaut, ein Lattenrost oder aus Maschendraht, damit der Kot durchfallen kann.

Auslauf: Dieser sollte möglichst groß, von einem qualitativ hochwertigen Maschendrahtzaun umgeben und nach oben geschlossen sein.

OBEN LINKS: Ein rundum eingezäunter, begehbarer Hühnerstall.
OBEN RECHTS: Einsammeln der Eier.
UNTEN LINKS: Kleine Leckerbissen sind immer willkommen.

LINKS: Schatten ist bei heißem Wetter notwendig – es reicht schon ein einfacher Sonnenschirm.

Schutz vor den Elementen

Wenigstens ein Teil des Auslaufs sollte im Schatten liegen – befinden sich Hühner den ganzen Tag in der prallen Sonne, können sie einen Hitzschlag erleiden. Schattenspender können Bäume, Büsche oder eine Abdeckung auf einer Seite des Auslaufes sein. Selbst ein Sonnenschirm tut's, und er kann sogar sehr hübsch aussehen.

Auch ein Windschutz ist wichtig, damit es nicht zum Stalleingang hineinzieht oder die Hühner im Auslauf schutzlos dem Wind ausgesetzt sind. Am besten stellt man den Stall neben einer Mauer oder Hecke auf oder man verwendet einen Windschutz – diese kann man billig kaufen, sie sind leicht zu handhaben und erfüllen ihren Zweck. Wichtig ist auch, dass der Boden im Freigehege gut drainiert ist, da Hühner nicht gerne mit Schlamm bedeckt sind und Pfützen zu Krankheitsquellen werden können.

Einen Hühnerstall selbst bauen

Wer seinen Hühnerstall selbst baut, kann rund die Hälfte der Kosten einsparen; verfügt man nur über ein begrenztes Budget, ist dies also eine gute Methode Geld zu sparen. Das Internet ist eine unerschöpfliche Quelle für Ideen und Informationen zu diesem Thema, inklusive Bauplänen; achten Sie aber unbedingt darauf, dass der Stall groß genug ist, damit Ihre Hühner nachts bequem ruhen und tagsüber auch ihre Flügel ausbreiten können. Unabdingbar sind neben einem Rückzugsort zum Eierlegen auch ein vor Räubern geschützter Außenbereich, ein unkomplizierter Zugang zum Saubermachen und eine Möglichkeit, die Hühner schnell und einfach hinein- oder herauszulassen.

OBEN: Ein überhängender, oben mit Stacheldraht versehener Maschendrahtzaun hält Füchse ab. RECHTS: Im Winter ist es von Vorteil, wenn der Stall an einem geschützten Platz steht.

Auslauf

Wer kein geschickter Heimwerker ist, kauft am besten eine Umzäunung. Für mein Freigehege habe ich 2 Meter hohe Zaunpfosten in den Boden geschlagen und dann den Maschendraht so daran befestigt, dass er unten und oben übersteht. Wichtig ist, dass er unten länger ist, da dies Füchse daran hindert, sich hindurchzugraben; befestigt wird er am Boden mit Hilfe von langen Zeltheringen, Betonplatten oder Baumstämmen. Letztere bieten auch Käfern und Fröschen Unterschlupf, allerdings ziehen sie oft auch Ratten und Mäuse an. Man benötigt jedoch nur einige wenige, um den Zaun fest zu verankern. Der oben überstehende Zaunstreifen ist recht instabil und verhindert so, dass Füchse über den Zaun klettern.

Ich habe in den Zaun auch schon Stacheldraht eingezogen, und zwar am oberen Ende und auf Nasenhöhe von Füchsen (etwa 15 cm über dem Boden), doch wenn man Kinder hat, sollte man auf diese Vorsichtsmaßnahme lieber verzichten. Meiner Schwester gelang es, einige verzinkte Drahtgitter, wie sie auf Baustellen verwendet werden, zu ergattern; diese eignen sich hervorragend als Einfriedung, müssen aber mit einem Dach versehen werden. Dazu nimmt sie Wellblech, das in den meisten Baumärkten erhältlich ist. Auch der untere Teil muss entweder mit Draht oder Betonplatten im Boden verankert werden, damit sich keine Tiere hindurchgraben können. Ställe auf Bodenhöhe eignen sich auch gut für kleine Gärten, da sie sich leicht umstellen lassen. Sie bieten aber weniger Schutz gegen Räuber.

Hühner lieben Staubbäder. Diese halten gesund, reinigen die Federn, entfernen überschüssiges Fett und ersticken eventuell vorhandene Milben. Befindet sich in ihrem Freigehege eine trockene, geschützte Stelle mit Erde, machen sich Hühner ihr eigenes Staubbad. Dürfen sie jeden Tag in den Garten, haben sie sicherlich bald ein Lieblingsplätzchen, meist vor Räubern geschützt unter einem Busch, wo sie ganz entspannt baden können. Haben sie nichts von all dem, machen Sie ihnen ein Staubbad: dazu benötigen Sie nur einen Behälter mit hohen Rändern, z.B. eine große Saatschale, gefüllt mit trockener Erde, Sand oder Torf. Dem Staubbad kann man noch ein Milbenmittel beimischen, das wirkt sowohl vorbeugend als auch reinigend.

Hühnerklappen

Ich hatte noch nie Ställe mit automatischen Klappen, da ich finde, man sollte sich um seine Hühner selbst kümmern. Ich persönlich liebe es, meine Hühner morgens herauszulassen und abends ins Bett zu bringen, zudem ist es eine prima Gelegenheit, zu sehen, wie es ihnen geht. Und da ich nun schon lange Hühner halte, weiß ich auch, dass sich die Mädels, vor allem in milden Sommernächten, oft lieber im Auslauf aufhalten als drinnen im Stall.

Bei einer automatischen Klappe besteht jedoch immer die Gefahr, dass Hühner über Nacht ausgesperrt werden, denn sie funktioniert mittels eines Lichtsensors, der natürlich nicht nachzählen kann, ob alle Hühner drinnen sind. Zwar schwören viele meiner Kunden auf solche Klappen, und ich habe auch viel Gutes über sie gehört – dennoch würde ich nie selbst eine verwenden.

Wer Probleme mit Ratten hat, kann neben dem Stall Minze pflanzen – deren Geruch vertreibt Ratten.

LINKS: Meine Hühner – im durch einen elektrischen Zaun geschützten Auslauf – lassen sich ihre tägliche Körnerration schmecken.

Elektrischer Zaun

Korrekt installiert ist ein Elektrozaun genau das Richtige, um die Hühner gegen Räuber zu sichern. Zudem ist er flexibel einsetzbar, denn mit seiner Hilfe lassen sich viele Bereiche des Gartens einfrieden. Allerdings muss man ihn warten, das Gras außerhalb des Zaunes regelmäßig mähen und täglich mit einem Zaunprüfer testen, ob er richtig funktioniert. Einige Modelle verfügen über eine Alarmfunktion, die eine zu niedrige Spannung anzeigt. Ich habe jahrelang problemlos einen elektrischen Zaun verwendet, doch dieses Jahr gelang es einem besonders entschlossenen Fuchs, ihn zu überwinden. Unglücklicherweise kehrt ein Fuchs immer zurück, wenn es ihm einmal gelungen ist, einzudringen, deshalb musste ich meine restlichen Hühner in einem abgeschlossenen Auslauf unterbringen, bis ich das Fuchs-Problem gelöst hatte. Danach hatte ich nie wieder Schwierigkeiten, und ich verwende immer noch elektrische Zäune.

Der Zaun muss rund um die Uhr unter Spannung stehen, da sonst gerne kleine Nager, Kaninchen und Füchse daran herumknabbern, was Schäden verursacht und die Spannung beeinträchtigt.

Der unterste Draht führt als einziger keinen Strom. Berühren aber Gräser und Blattwerk den zweituntersten Draht, wird er sozusagen geerdet bzw. der Strom abgeleitet, die Spannung fällt ab und der Zaun wird damit weniger wirksam. Wichtig ist es, den Zaun regelmäßig zu inspizieren, z.B. auf herabgefallene Äste oder Frösche und Kröten, die durch einen Stromschlag getötet wurden, weil dies ebenfalls die Spannung herabsetzen kann. Am besten macht man jedes Mal eine kleine Inspektion, wenn man die Hühner morgens herauslässt oder abends ins Bett bringt.

Elektrozäune gibt es in den unterschiedlichsten Ausführungen. Einige verfügen über einen Netzanschluss, was ich vorziehe, doch leider sind diese nur örtlich begrenzt einsetzbar. Batterien und Akkus sind billiger und überall erhältlich, manche Ladegeräte sogar mit einem Solarpanel ausgestattet und sehr effizient. Für welches Ladegerät auch immer Sie sich entscheiden, kaufen Sie es am besten bei einem Händler in Ihrer Nähe, der Ihnen mit Rat und Tat beiseite stehen kann. Bestellen Sie den Zaun über das Internet, fragen Sie unbedingt nach einer Servicenummer oder Telefonhotline.

WIE OFT SOLLTE DER HÜHNERSTALL GEREINIGT WERDEN?

Einmal die Woche eine gründliche Reinigung reicht völlig aus, da ein wenig Dreck gut für das Immunsystem ist. Bei extrem kalter Witterung sollte man das neue saubere Stroh einfach auf dem alten verteilen, da dies zusätzlich isoliert.

RECHTS: Ein Polnisches Haubenhuhn kuschelt sich ins Stroh.

Einstreu

Welche Einstreu die richtige ist, hängt von der Jahreszeit ab. In den wärmeren Monaten sind Sägespäne ideal, allerdings müssen diese staubfrei sein, da Hühner anfällig für Atemwegserkrankungen sind. Sehr gut geeignet ist die für Pferde übliche Einstreu aus Hobelspänen, da diese nicht so fein ist. Sobald es kälter wird, kann man zu Stroh wechseln, da dies zusätzlich den Hühnerstall gegen Kälte isoliert. Im Sommer ist Stroh zu warm, auch nisten sich dann gerne Rote Vogelmilben darin ein (s. S. 124), die während der kühleren Monate weniger aktiv sind. Zeitungen sind ebenfalls geeignet, aber Vorsicht: Mit denen spielen Hühner gerne! Einmal kaufte ich zwei neue Legeställe für je 50 Hühner, legte den Boden mit Zeitungspapier aus und verteilte eine dünne Schicht Hobelspäne darauf. Die Mädels waren Feuer und Flamme, und als ich später zurückkehrte, um nach ihnen zu sehen, wusste ich, warum: Sie hatten alle Zeitungen herausgezogen und rannten damit im Gelände herum. Es war ein fürchterliches Durcheinander, aber immerhin hatten die Hühner ihren Spaß! Als Einstreu ungeeignet ist Heu, da dies gerne von Hühnern gefressen wird und im Kropf einen Klumpen bildet, was zu Problemen wie einer Kropfverstopfung (s. S. 128) führen kann.

Hühner beschäftigen

RECHTS: Vogelscheuchen sind einfach herzustellen und halten, ebenso wie ein eingeschaltetes Radio, Füchse ab.

Während der heißen, trockenen Sommermonate verbringen meine Familie und ich viel Zeit mit unseren Hühnern. Sie laufen im Garten herum, scharren hier und baden da, während wir in den Gemüse- oder Blumenbeeten arbeiten, und es gibt jede Menge Käfer, denen sie hinterherjagen können. Herrlich, so ein Leben! Das ändert sich, wenn die Nächte dunkler und die Tage kühler werden. Wir sind nicht mehr so häufig im Garten, und die Hühner sind länger in ihrem Auslauf eingesperrt – dann sind sie dankbar für jede Art von Abwechslung und Unterhaltung. Man muss ihnen nun nicht gerade einen Fernseher hinstellen, wenngleich ich zugebe, dass ich gelegentlich ein Radio in den Auslauf stelle: Das gibt Geräusche von sich, die Füchse abschrecken, den Hühnern jedoch zu gefallen scheinen. Hängt man CDs auf, haben die Mädels was zum Anschauen, und befestigt man eine Sitzstange so, dass sie hin- und herschaukelt, können sich Hühner stundenlang damit amüsieren. Auch an Holzklötzen und Baumstämmen, auf denen sie herumturnen und herumpicken können, finden sie Gefallen. Man kann auch durchsichtige Plastikkugeln mit Mehlwürmern füllen und einige Löcher hineinbohren. An denen picken die Hühner gerne herum, und wenn sie die Kugeln herumrollen, fallen die Würmer heraus – das macht viel mehr Spaß, als die Mehlwürmer einfach vom Boden aufzupicken!

Hühner sind sehr neugierig und lieben eine abwechslungsreiche Umgebung. Probieren Sie also Verschiedenes aus. Achten Sie aber darauf, dass den Hühnern nichts gefährlich werden kann, also keine scharfen Kanten hat oder Teile so klein sind, dass sie verschluckt werden können. Ich habe mal eine Vogelscheuche gebastelt und ins Freigehege gesetzt: Es dauerte nicht lange, und die Hühner saßen auf ihren Knien und untersuchten sie neugierig!

Futter

> **WANN GIBT MAN WELCHES FUTTER?**
>
> **Das hängt vom Alter der Hühner ab:**
>
> **Schlupf bis 6–8 Wochen:** Starterfutter (Kükenstarter)
> **6–8 bis 16 Wochen:** Junghennenfutter (Junghennenalleinfutter)
> **ab der 16. Woche:** Legehennenalleinfutter (Legemehl oder Legekorn)
>
> Neues Futter sollte man schrittweise einführen, d. h., eine Woche lang altes und neues Futter im Verhältnis 1:1 mischen, bis sich die Hühner daran gewöhnt haben.

OBEN LINKS: Legehennenalleinfutter in Pelletform versorgt die Hühner mit allem, was sie brauchen. OBEN RECHTS: Hühner lieben Löwenzahn. UNTEN LINKS: Sauerampferblätter sind ein leckerer Imbiss, den Sie auch aufhängen können. UNTEN RECHTS: Gemischte Körner sind als Nachmittagssnack sehr beliebt.

Futter

Heute ist die Fütterung von Hühnern relativ einfach, da eine riesige Auswahl an Fertigfutter und Futtermischungen auf dem Markt ist. Für welches Futter Sie sich entscheiden, liegt ganz bei Ihnen, doch sollten die Futtermittel so naturbelassen wie möglich und nicht genmanipuliert sein. Manchen Futtermitteln sind Farbstoffe beigemischt, die für einen leuchtend gelben Eidotter sorgen.

Küken benötigen vom Schlupf bis zum Alter von etwa acht Wochen Starterfutter. Anschließend bekommen sie bis zur 16. Lebenswoche Junghennenfutter, und danach bis zu ihrem Lebensende Legehennenalleinfutter (Legemehl oder Legekorn). Bei pelletiertem Legehennenfutter handelt es sich um Futter, das zu kleinen, zylinderförmigen Stäbchen (Pellets) gepresst wurde, die für die Hühner leicht aufzunehmen sind. Im Legemehl finden sich die gleichen Inhaltsstoffe, jedoch in fein gemahlener Form, so dass die Hühner mehr Zeit zum Fressen brauchen. Manche Geflügelhalter sehen darin einen positiven Nebeneffekt, da die Hühner beschäftigt sind und weniger Zeit haben, sich zu langweilen. Ich verwende nur pelletiertes Futter, da der Futterplatz sauberer ist und weniger Reste zurückbleiben. Legemehl zieht oft Feuchtigkeit, verklumpt dann und verunreinigt die Futtertröge.

Egal, wofür man sich auch entscheidet – neues Futter sollte schrittweise eingeführt werden, d. h., eine Woche lang altes und neues Futter im Verhältnis 1:1 mischen, bis sich die Hühner an das neue Futter gewöhnt haben. Ich lege öfter am Tag frische Pellets aus, damit die Vögel den ganzen Tag über was zu fressen haben.

Der Futterbedarf von Hühnern hängt auch vom Wetter ab – bei kühlerer Witterung fressen sie mehr, um sich warm zu halten.

Legehennenalleinfutter und Körner sollte man nie mischen. Körner sind für Hühner wie Schokolade – sie picken sie heraus und lassen das restliche Futter, in dem sich die hochwertigeren Bestandteile finden, liegen. Gegen eine Handvoll Körner als kleinen Nachmittagssnack ist jedoch nichts einzuwenden; dann haben sie etwas zum Scharren und sind beschäftigt.

Wo sollte man Futtermittel aufbewahren?

Die meisten Futtermittel für Geflügel – ob Legehennenalleinfutter in Pelletform oder als Mehl sowie Körnermischungen – werden in 25-kg-Säcken angeboten. Große Mengen sind billiger, doch müssen die angebrochenen Säcke an einem kühlen, trockenen, gut belüfteten Ort aufbewahrt werden, damit der Inhalt nicht schimmelt. Sie sollten zudem nicht direkt auf dem Boden, sondern etwas erhöht,

z. B. auf einer Palette, gelagert werden. Wichtig ist vor allem, dass keine Wildtiere angelockt werden; hier haben sich Abfalleimer aus Metall oder Kunststoffkisten mit Deckel zur Aufbewahrung bewährt. Bedenken Sie, dass sich Tiere auch durch Plastik nagen können – allerdings nicht über Nacht, deshalb am besten jeden Tag nachsehen und gegebenenfalls Maßnahmen ergreifen.

Vergessen Sie auch nicht, auf das Haltbarkeitsdatum zu schauen. Überlagertes Futter kann zwar optisch noch einwandfrei aussehen, doch sind Nährstoffe und Vitamine oft schon abgebaut. Die meisten Futtermittel können etwa 3 Monate gelagert werden.

RECHTS: Meine Hühner ernten Brombeeren direkt vom Strauch.

Früher verfütterten Bauern Steckrüben an ihre Hühner, da sie glaubten, deren Eier würden dadurch größer.

Die tägliche Portion Grünfutter

Auch Hühnern tut es gut, wenn sie täglich eine Portion Grünfutter bekommen, da dieses wichtige Mineralstoffe enthält. Es entspricht in etwa unserem Motto »fünfmal am Tag Obst oder Gemüse« und wirkt sich positiv auf den Verdauungsapparat eines Huhnes aus. Vor allem rohes Gemüse eignet sich gut,; nur mit Kohl und Brokkoli sollte man zurückhaltend sein, da zu viel davon Durchfall verursacht.

Grüner Salat hat zwar nur einen geringen Nährwert, hält aber das Verdauungssystem einer Henne prima auf Trab und lässt sich leicht selbst ziehen. Zwiebeln erfüllen den gleichen Zweck und wehren zudem zahlreiche Krankheiten ab. Ein Zuviel davon verleiht den Eiern allerdings einen merkwürdigen Geschmack. Kartoffelschalen sollten vor dem Verfüttern gekocht werden; gerade im Winter sind sie, gemischt mit Kleie, bei Hühnern sehr beliebt. Auch Brennnesseln sind gutes Grünfutter und außerdem kostenlos erhältlich. Am besten nimmt man junge Triebe, hackt sie klein, kocht sie und mischt sie unter das Legehennenfutter oder hängt sie in Büscheln auf. Nicht vergessen, dabei Handschuhe zu tragen!

Ebenfalls beliebt bei Hühnern sind Brombeeren, Löwenzahn, Sauerampferblätter und Vogelmiere, um nur einige zu nennen. Wichtig ist, jeden Abend die Futterreste zu entfernen.

Futterspender und -automaten

Auf dem Markt sind zahlreiche Varianten von Futterspendern, z. B.

- **Tretfutterautomaten:** Geschlossene Futterspender, die sich durch Betätigen einer Trittplatte öffnen. Sie sind sehr gut und halten Nagetiere ab, doch muss man den Hühnern beibringen, wie sie funktionieren.
- **Wetterfeste Futterspender aus verzinktem Blech:** Sie sind sehr robust und sehen hübsch aus, sollten jedoch, da sie relativ niedrig sind, auf einen Backstein, ein dickes Holzbrett oder einen Futtertisch gestellt werden.
- **Futtertröge:** Hier wird das Futter leicht verscharrt und somit verschwendet; um dies zu vermeiden, kann man innen eine Holzleiste anbringen. Probleme bereitet auch, dass durch Scharren leicht Kot ins Futter gelangt.
- **Futterautomat aus Kunststoff zum Aufhängen:** Das sind meine Favoriten! Am besten in etwa 15 cm Höhe aufhängen, dann kann kein Futter herausgescharrt werden und weder Schlamm noch Schmutz können hineingelangen; sie sind leicht zu befüllen und zu reinigen, das Futter rieselt automatisch nach. Schauen Sie trotzdem täglich nach, ob der Ausfluss nicht verklumpt ist.

Für welche Alternative Sie sich auch entscheiden – stellen Sie sicher, dass um die Futterspender herum genügend Platz zur Verfügung steht, damit alle Hühner gleichzeitig fressen können.

Tränken

Hühner müssen viel trinken und lieben frisches, kühles Wasser. Auch Tränken gibt es in großer Vielfalt auf dem Markt – die Größe hängt davon ab, wie viele Hühner man hält.

- **Eimertränken** sehen toll aus und sind einfach zu handhaben. Sie sind aus feuerverzinktem Stahlblech und haben nur einen halbem Deckel. Der Eimer wird halb gefüllt und dann auf die Seite gelegt.
- **Tränken aus Glas oder mit Glaseinsatz** sind leicht zu befüllen und zu reinigen und lassen sich Aufhängen. Sie wirken etwas altmodisch, aber sehr hübsch, zerbrechen jedoch leicht, wenn sie herunterfallen.
- **Kunststofftränken** sind nicht so hübsch wie die aus Glas, aber robust, gut zu handhaben und leicht zu reinigen.
- **Nippeltränken** sind hygienisch und haben den Vorteil, dass die Hühner beschäftigt sind.

Man kann natürlich alle möglichen Behältnisse zu Tränken umfunktionieren, doch muss man sie unbedingt sauber halten. Die Hühner sollten nicht hineinklettern können, und auch Schlamm und Schmutz haben darin nichts verloren. Ich habe sogar schon aus leeren Milchkartons hergestellte Tränken gesehen, die sehr effektiv und überdies kostenlos sind. Tränken sollten nie im Hühnerstall selbst, sondern immer im Auslauf stehen, da feuchte Nist- und Ruheplätze für Hühner sehr ungesund sind.

GRIT

Gritmischungen, die u. a. scharfe Steinchen und Muschelschalenschrot enthalten, sind wichtiger Bestandteil von Geflügelfutter. Da Hühner keine Zähne haben, helfen die Steinchen, das Futter im Muskelmagen zu zerkleinern. Muschelschalenschrot liefert Kalzium, das für die Bildung fester Eierschalen notwendig ist. Es gibt spezielle Gritspender zu kaufen, die ihre Vorzüge haben, doch wenn nur ein kleiner Auslauf zur Verfügung steht, nehmen diese wertvollen Platz weg. Meiner Meinung nach reicht es aus, regelmäßig eine Handvoll Grit in den Auslauf zu streuen. Es zieht kein Ungeziefer an und ermuntert die Hühner, ihr Futter auf natürliche Weise aufzunehmen.

OBEN LINKS: Verschiedene Tränken.
OBEN RECHTS: Eine verzinkte Eimertränke.
UNTEN: Auswahl an Futterspendern und -automaten.

Snacks und Leckerbissen

Jeder braucht ab und zu etwas zum Naschen, Hühner bilden da keine Ausnahme. Und Ihnen wird es sicherlich genauso viel Vergnügen bereiten, ihnen beim Fressen zuzusehen, wie den Hühnern, die Snacks zu vertilgen.

Backen Sie zuckerfreie Kekse mit Erdnüssen oder Rosinen. Anschließend die Kekse auf eine Schnur auffädeln und aufhängen, so dass die Hühner daran picken können. Ein Haufen abgefallener Blätter im Auslauf lässt die Hühner ebenfalls aus dem Häuschen geraten oder auf eine Schnur aufgefädelte Getreidekörner.

Auch ein kleiner Fußball wird einige Zeit für Ablenkung sorgen, und mit einem mit Mehlwürmern gefüllten Futterball aus der Tierhandlung können Hühner ewig spielen. Umgedreht aufgehängte und mit Leckereien gefüllte Joghurtbecher bieten ebenfalls gute Unterhaltung. Sehr beliebt sind aufgehängte Maiskolben, aber regelrecht wild machen Hühner Holzklötze, in die man Löcher gebohrt und diese wiederum mit Reis oder Erdnussbutter gefüllt hat.

Altes Babyspielzeug, Rasseln und Spiegel werden von Hühnern neugierig untersucht, als Sitzstange sind Greif- und Spieltrainer für Babys sehr beliebt! Fettkugeln aus Rinder- oder Hammeltalg, gemischt mit Mehlwürmern, Sonnenblumenkernen, alten Brotkrümeln, etc., werden ebenfalls gerne angenommen. Wer Sonnenblumen im Garten hat, sollte die Kerne sammeln – sie unterstützen das Federwachstum und lassen sich im Winter als Leckerbissen verfüttern.

Im Sommer sind gekühlte Wassermelonen für Hühner ein sehr erfrischender Snack, sie sorgen für zusätzliche Flüssigkeitszufuhr. Kernlose Trauben, einfach in den Auslauf geworfen, sind ebenfalls beliebt, und es ist sehr unterhaltsam zu beobachten, wie die Hühner ihre »Beute« verteidigen. In Zoofachgeschäften kann man auch lebende Heuschrecken kaufen – sie sind eine echte Eiweiß-Bombe, und die Hühner haben großen Spaß beim Fangen.

Hühner sind Allesfresser – sie fressen Fleisch wie Grünzeug.

Legt man Gemüse und Obst in Vogelfutter-Spender, hat das Fressen ebenfalls hohen Unterhaltungswert. Gekochte Nudeln auf Schnüre aufzuziehen macht meinen Kindern ebenso großen Spaß wie den Hühnern, diese zu fressen, und gefrorene Bananen sind für Hühner wie Kinder ein Genuss. Beeren mit Naturjoghurt vermischt und in Eiswürfelbehältern eingefroren, sind im Sommer ein herrlich erfrischender Snack, ebenso ein voller Joghurtbecher mit einem Loch im Boden, aus dem der Joghurt heraustropft. Naturjoghurt ist gut für die Verdauung.

Stark zucker- oder salzhaltige Snacks eignen sich nicht, Kartoffelschalen nur gekocht als Futter. Rohe oder zu kurz gekochte Bohnen und Hülsenfrüchte sind giftig, ebenso Avocado und Rhabarberblätter, da sie ein Toxin namens Persin enthalten, das bei Tieren zu erhöhter Herzfrequenz und Herzmuskelschädigung führen kann. Auch sollten niemals rohe Eier an Hühner verfüttert werden, um die Hühner nicht zu ermuntern, Eier zu fressen. Da jedoch jedes Huhn seine eigenen Vorlieben und Abneigungen hat, probieren Sie am besten verschiedene Dinge aus.

OBEN LINKS: Eine wunderbare Abwechslung bietet ein aufgehängter Maiskolben frisch vom Feld!
OBEN RECHTS: Äpfel in einem Vogelfutter-Spender.
UNTEN LINKS: Auf Schnüre gezogene Körner können Hühner stundenlang beschäftigen.
UNTEN RECHTS: Sonnenblumenkerne sind ein beliebter Snack.

Auswahl und Transport der Hühner

Die Qual der Wahl

OBEN LINKS: Rhodeländer-Hybride. OBEN RECHTS: Light-Sussex-Hybride – ein fantastischer Eierleger. UNTEN LINKS: Weiße Leghorn-Hybriden legen reinweiße Eier. UNTEN RECHTS: Black-Rock-Hybride.

Ich hielt schon Hühner verschiedenster Rassen, doch die in diesem Kapitel erwähnten haben sich einen Platz in meinem Herzen erobert. Wenn ich Ihnen einen guten Rat geben darf: Informieren Sie sich gründlich, schauen Sie sich um und sprechen Sie mit andern Geflügelbesitzern, bevor Sie sich zum Kauf entschließen. Jeder Mensch hat seine Vorlieben und Abneigungen, und was für mich richtig ist, muss es nicht unbedingt für Sie sein.

Legerassen werden speziell für eine hohe Legeleistung gezüchtet. Nimmt die Legeleistung dieser Hühner ab, landen sie in der Intensivtierhaltung als Suppenhuhn im Kochtopf. Zu den reinrassigen Hühnern mit guter Legeleistung zählen Orpington, Brahma, Rhodeländer, Plymouth Rock, Jersey Giant, Indische Kämpfer, Deutsche Lachshühner und Houdan.

Einige der Hähne, die ich aufgezogen habe, wanderten in meinen Kochtopf, doch in der Regel kaufe ich zum Essen bestimmte Fleischrassen, die man relativ günstig bei Geflügelzüchtern kaufen kann. Sie wachsen schnell, sind robust und schmecken fantastisch, so dass sie sich auf jeden Fall ihr Plätzchen im Garten verdient haben. Allen, die sich speziell zum Verzehr gedachte Hühner zulegen wollen, möchte ich ans Herz legen, **diesen Hühnern keinen Namen zu geben.** Ich liebe Tiere sehr, aber ich bin keine Vegetarierin, und ich musste mir schon einiges anhören, wenn Leute herausgefunden haben, dass ich meine eigenen Hühner esse. Dazu kann ich nur anmerken, dass meine Tiere ein tolles Leben mit viel Freilauf führen, dass ihre Bedürfnisse respektiert werden und wir viel Spaß an ihnen haben. Ich kann auch hocherhobenen Hauptes sagen, dass ich weder mit Eiern aus Intensivhaltung noch mit Masthähnchen etwas zu tun habe. Beim ersten Mal ist es nicht leicht, ein selbst gezogenen Huhn zu essen – aber die Befriedigung, etwas gut gemacht zu haben, hilft einem schnell, den weniger schönen Teil zu vergessen.

Vor allem für Anfänger ist es am besten, 16 bis 21 Wochen alte Hühner zu kaufen; auf diese Weise kann man sicher sein, dass man eine Henne und keinen Hahn bekommt sowie kein spezielles Futter bzw. besondere Pflege notwendig sind. Hennen beginnen, je nach Jahreszeit, im Alter von ca. 19 bis 21 Wochen zu legen. Dann sind sie auch noch jung genug, um zahm zu werden.

RECHTS: Blacktail-Hybride.

Hybriden und Gebrauchskreuzungen

Hühner zählen zu den ältesten Haustieren und wurden bereits 3500 v. Chr. domestiziert. Alle heute bekannten Hühnerrassen stammen vom Bankiva-Huhn ab. Als sich das Huhn zum Nutztier entwickelte, versuchte man, durch Zucht bestimmte Merkmale zu beeinflussen, und so entstanden schwere Rassen mit gutem Fleischansatz für die Mast und leichte Rassen mit hoher Legeleistung.

Die ursprüngliche Bodenhaltung mit reinrassigem Geflügel entwickelte sich in den 1960er- und 1970er-Jahren zu einer Nutztierhaltung mit Hybridrassen. Hierzu wurden verstärkt Kreuzungen durchgeführt, um die Vorteile der verschiedenen Rassen besser ausnutzen zu können – die Hybridzucht entstand. Hühner aus Hybridrassen, die speziell auf das Legen von Eiern gezüchtet wurden, nennt man Legehybriden. Bei ihrer Zucht sind gute Legeleistung, gute Eiqualität, guter Gesundheitszustand der Tiere und gute Fruchtbarkeit für die Zucht wichtige Ziele. Primär gibt es zwei Zuchtlinien, die entweder braune (abstammend von Rhode Island Red = Rhodeländern) oder weiße (abstammend von weißen Leghorn) Eier legen.

Allerdings gibt es ein großes Problem: Die männlichen Tiere der handelsüblichen Hybridrassen (ca. 50 % der Küken) sind nicht masttauglich und werden deshalb bereits als Küken getötet. Um das zu verhindern, gibt es seit einigen Jahren Bestrebungen in Forschung wie auch im Ökolandbau, durch Gebrauchskreuzungen ein Zweinutzungshuhn (Zwiehuhn) zu finden – also eine Hühnerrasse, bei der die weiblichen Tiere als Legehennen und die männlichen als Masthähnchen Verwendung finden.

In England sind neben hoch gezüchteten Legehybriden auch verschiedene Gebrauchszüchtungen erhältlich, von denen aber keine an die Leistung von Legehybriden herankommt, und die in Deutschland nicht erhältlich sind. Zu nennen wären hier u. a. Black Rock (aus sehr guten Elternlinien von Rhodeländern und Plymouth Rock gekreuzt), Speckledy's (vermutlich eine Kreuzung von Rhodeländern und gesperberten Marans), Weiße Leghorn, Rhodeländer (Rhode Island)-Hybriden, Light Sussex, Blue (Fenton) und Blacktails.

In Deutschland wie in England erhalten die Hybriden meist Namen von ihren Züchtern bzw. Großzuchtbetrieben, z. B. Lohmann weiß LSL, Lohmann Brown, Weiße Leghorn oder schwarze Bovans, die beiden letzten sind auch für die Freilandhaltung geeignet. Neben den leichten Legerassen, zu denen die weißen Leghorn zählen, die sich durch hohe Legeleistung, hohes Eigewicht und gute Fruchtbarkeit auszeichnen, gibt es auch mittelschwere Zweinutzungsrassen. Diese sind durch Kreuzung von leichten und schweren Rassen entstanden und haben ebenfalls eine gute Legeleistung. Hier sind für die Eierzeugung vor allem die Rassen Rhodeländer und New Hampshire bedeutend.

OBEN: Speckledy-Henne.
RECHTS: Ein chamois-weiß gesäumtes, männliches Holländisches Haubenhuhn.

Rassehühner

Bei Rassehühnern findet man die vielfältigsten Formen, Größen, Farbschläge und Persönlichkeiten. Rassehühner werden so bezeichnet, weil sie sich reinerbig fortpflanzen und immer Nachkommen mit einheitlichen Merkmalen hervorbringen, d.h., sie haben dieselben Eigenschaften wie die Eltern. Jede Rasse wird nach einem bestimmten Rassestandard gezüchtet. Dieser gibt vor, wie eine Rasse beispielsweise hinsichtlich Form, Farbe und Größe aussehen muss. In Deutschland wird der Rassestandard vom Bundes-Zucht- und Anerkennungsausschuss (BZA), einem Fachausschuss des BDRG (Bund Deutscher Rassegeflügelzüchter), festgelegt. Viele Hühnerrassen sind weltweit vertreten. Folgende Rassen habe ich selbst gehalten:

- **Die Appenzeller Spitzhaube** ist eine Haushuhnrasse aus der Schweiz. Auffälligstes Merkmal ist die Federhaube auf ihrem Kopf. Diese Tiere sind lebhaft und neugierig, lieben es, draußen zu sein, übernachten lieber auf Bäumen als in einem geschlossenen Stall, sind exzellente Flieger und damit also eher etwas für Leute mit viel Platz. Sie lassen sich nicht leicht zähmen und sind recht eifrige Produzenten weißschaliger Eier.

- **Araucanas (Araukaner)** sind berühmt für ihre blauen Eier, doch tatsächlich variiert deren Farbe von Blau über Grün bis zu Pink! Araucanas sind fröhliche Gesellen und sehen mit ihrem hoch aufgerichteten Gang und den Ohrbüscheln wirklich lustig aus. Man findet bei ihnen zahlreiche Farbschläge, einige davon kommen recht selten vor. Sie sind ruhig, benötigen nicht viel Platz und sind gute Eierlieferanten. Ihre farbenprächtigen Eier rufen regelmäßig ungläubiges Staunen hervor.

- **Barnevelder** sind sehr legefreudig und liefern viele wunderschöne, dunkelbraune Eier. Da sie von Bewegung nicht viel halten, sollte man bei ihnen auf die Futtermenge achten, damit sie nicht zu viel Fett ansetzen. Trotz ihrer Größe reicht eine niedrige Umzäunung aus. Beachten Sie aber, dass diese keine potenziellen Räuber abhalten kann! Sie brauchen keinen großen Auslauf und sind bemerkenswert wetterfest. Ich hatte einmal eine Gruppe Barnevelder Hennen mit dem für diese Rasse typischen, doppelt gesäumten Farbschlag, die sehr zutraulich waren.

- **Brahmas** sind meine absoluten Favoriten unter den schweren Rassen. Sie sind sehr groß, haben stark befiederte Läufe und Mittelfußzehen, ein imposantes Hinterteil und einen Gesichtsausdruck, der mich immer zum Lachen reizt. Ihr Wesen ist ruhig und ausgeglichen, sie werden schnell zahm und zutraulich. Im Vergleich zu ihrer Körpergröße ist die Größe der Eier enttäuschend, doch sind sie mit 140 Eiern pro Jahr recht legefreudig. Brahmas haben einen ausgeprägten Bruttrieb und sind gute Glucken; es kommt jedoch häufig vor, dass sie versehentlich auf ihre Eier sowie ihre Küken treten und ihnen Schaden zufügen. Bei Brahmas findet man sehr attraktive Farbschläge, wobei mein absoluter Favorit gold-rebhuhnfarbig ist. Die Schönheit meines Brahma-Trios hat schon viele Bewunderer gefunden, und Brigadeir, einer meiner Hähne von der Größe eines kleinen Kindes mit einer besonders schönen Zeichnung, zog alle Blicke auf sich, wenn er über den Hof stolzierte.

REINRASSIGE HÜHNER

Rassen mit festem Gefieder sind Kampfhühner mit kurzen, festen, eng anliegenden Federn. Zu ihnen zählen Altenglische Kämpfer, Malaien, Asil und Moderne englische Kämpfer.

Schwere Rassen sind eher von ruhigem Naturell. Sie sind sowohl gute Eier- als auch Fleischlieferanten und haben einen gesunden Appetit. Zu ihnen zählen Brahma, Deutsche Lachshühner, Orpington, Dorking und Cochin.

Leichte Rassen sind gute Eierleger, zum Verzehr aber weniger geeignet. Sie sind eher lebhaft und unternehmungslustig. Zu ihnen zählen Araukaner, Italiener, Leghorn und Appenzeller Spitzhauben.

Bantams sind von Natur aus klein. Sie werden überwiegend zu Ausstellungszwecken gezüchtet.

Seltene Rassen sind vom Aussterben bedroht. Zu ihnen zählen Andalusier, Norfolk Grey, Houdan, Orloff (Orlow) und Vorwerkhühner.

LINKS: Eine stolz aufgerichtete, goldporzellanfarbige Zwerg-Cochin-Henne.

• **Orpingtons** sind die »typischen« Hühner, wie man sie oft auf Bildern in Zeitschriften sieht. Sie sind ruhig und ausgeglichen, aber neugierig. Aufgrund ihrer Größe und Schwere sind sie nicht sehr flugfreudig, benötigen aber einen großen Stall und niedrig angebrachte Sitzstangen. Sie haben ein wunderschönes, dichtes Gefieder, meist in den Farbschlägen Schwarz, Blau, Gelb und Weiß. Auch Orpingtons sind gute Glucken und sehr brutfreudig. Für reinrassige Hühner legen sie recht große Eier und zwar etwa 160 pro Saison. Aufgrund ihrer friedfertigen Natur werden sie gerne von aggressiveren Rassen gepiesackt.

• **Campiner** gehören zu den Sprenkelhühnern und sind wunderschön gezeichnete, aber recht wilde Gesellen, die kaum zu zähmen sind. Größere Bestände gibt es u.a. noch in England, aber auch dort zählen sie zu der Gruppe der bedrohten, alten Haustierrassen. Sie sind nicht sehr brutfreudig, legen aber sehr viele weißschalige Eier, auch im Winter.

• **Cochins** sind sehr groß, haben eine bis auf die Krallen herabreichende Befiederung und ein ausnehmend hübsches Hinterteil – wenn sie sich beim Picken vorbeugen, sieht es aus, als hätten sie Pumphosen an! Diese Hühnerrasse ist sehr zutraulich und anspruchslos. Wegen ihrer befiederten Füße benötigen sie einen schlammfreien Auslauf. Die Eier wirken aufgrund der Größe der Hühner klein, die Legeleistung liegt bei ca. 115 Eiern pro Jahr. Sie sind liebevolle Glucken und in unterschiedlichen Farbschlägen wie Schwarz, Blau, Gelb, Weiß, Rebhuhnfarben und Gesprenkelt erhältlich. Rocky, mein absoluter Star unter den Hähnen, zeugte einige fantastische Nachkommen, und bis zum Frühling verhielt er sich wie ein richtiger Gentleman – aber dann verwandelte er sich in einen Alptraum und griff, mit den Sporen voran, jeden an, der den Auslauf betrat. Das konnte, da er recht groß und schwer war, schon ziemlich unangenehm werden. Cochins zählen zu den Zweinutzungsrassen, d.h., sie liefern gutes Fleisch, legen aber auch viele Eier. Ihr Gefieder eignet sich wunderbar als Kissenfüllung.

• Das **Deutsche Lachshuhn** unterscheidet sich deutlich von anderen Rassen, u.a. durch einen Bart, befiederte Außenzehen und eine fünfte Zehe. Es ist schnellwüchsig, ruhig, zutraulich und legt ca. 115 Eier pro Jahr, oft bis in den Winter hinein. Aufgrund ihrer friedfertigen Natur werden diese Hühner oft von aggressiveren Rassen gepiesackt. Ich fühle mich in ihrer Gegenwart immer sehr wohl und habe buchstäblich das Gefühl, dass sie ihre Ruhe und Gelassenheit auf mich übertragen und so der Stress des Tages von mir abfällt. Lachshühner liefern auch ein wunderbar schmackhaftes Fleisch.

• **Leghorn:** Diese Hühner liebe ich – sie sehen aus wie kleine Ballerinas, sind sehr wendig und immer auf Achse. Leghorns brauchen viel Auslauf und suchen sich gerne ein Ruheplätzchen auf einem Baum. Sie legen unzählige weißschalige Eier, sind in zahlreichen Farbschlägen erhältlich und haben sehr große Kämme und Kehllappen.

OBEN: Ein paar reinrassige Chabo-Hennen. GEGENÜBER, OBEN LINKS: Ein reinrassiges schwarzes Seidenhuhn ist der Blickfang jeden Gartens. OBEN RECHTS: Eine reinrassige, rebhuhnfarbige Zwerg-Cochin-Henne. UNTEN LINKS: Eine reinrassige zitron-prozellanfarbige Federfüßige Zwerghuhn-Henne. UNTEN RECHTS: Eine reinrassige weiße Seidenhuhn-Henne – eine wahre Augenweide.

• **Marans** sind intelligente, wache Hühner und gute Glucken, gleichzeitig fleißige Leger, die wunderschöne, schokoladenbraune Eier liefern. Sie sind flugfreudiger als die anderen erwähnten schweren Rassen und sehr lebendig, dabei zutraulich und leicht zu zähmen. Es gibt zahlreiche Farbschläge, darunter Gesperbert, Schwarz und Kupferschwarz.

• Das **Holländische Haubenhuhn** ist eine schöne, alte Zierhuhnrasse, das auf dem Kopf anstelle eines Kammes eine Haube aus Federn trägt. Es macht Spaß, diese lebhaften Tiere zu beobachten, die sehr zutraulich und zudem recht gute Eierleger sind. Aufgrund ihres Kopfschmuckes sind sie anfällig für Augeninfektionen, weshalb die Federhaube gut gepflegt und regelmäßig geschnitten werden sollte. Da die Federhaube auch etwas das Gesichtsfeld einschränkt, was zu langsameren Reaktionen führt, empfiehlt es sich, Haubenhühner in einem Extragehege zu halten.

• **Welsumer** sind klassische Bauernhofhühner und legen zahlreiche schöne, dunkelbraune Eier, liefern aber auch gutes Fleisch. Sie sind robust und wetterfest, und haben gerne viel Auslauf. Zwar sind sie nicht besonders brutfreudig, aber dennoch liebevolle Glucken. Vor einigen Jahren hatte ich mehrere Welsumer, die mich regelmäßig im Wintergarten besuchten, um Vanillecreme-Kekse abzustauben!

Echte Bantams (Zwerghühner)

Bantams sind echte Zwergrassen, d.h., sie wurden nicht erst durch Zucht verkleinert, und haben keine großen Äquivalente. Sie sind sehr beliebt, wenn nur wenig Platz zur Verfügung steht. Hier einige Beispiele:

• **Chabos** sind sehr elegante Hühner mit langem, steil aufgerichtetem Schwanz und tief getragenen Flügeln. Die Beine sind extrem kurz und kaum sichtbar. Kälte und Regen vertragen sie nicht sehr gut, da die aufgrund der kurzen Beine relativ tief liegende Brust schnell nass wird. Sie sind also im Innenbereich besser aufgehoben. Chabos sind sehr zahm und zutraulich, und eignen sich deshalb auch für Haushalte mit kleinen Kindern. Allerdings zählen sie nicht zu den besten Eierlegern.

• **Zwerg-Cochins (alte Bezeichnung »Peking-Bantam«)** sind meine Lieblings-Zwerghühner. Sie watscheln wie Charlie Chaplin, haben aber eine Persönlichkeit, die einem Löwen gut zu Gesicht stehen würde. Aufgrund der tiefen Stellung und der Fußbefiederung benötigen sie einen sauberen, trockenen Stall und Auslauf. Sie sind wetterfest, robust und vertragen sich gut mit anderen Rassen, solange genug Platz da ist. Die Hennen sind sehr brutfreudig und verteidigen ihre Jungen vehement. Sie legen pro Jahr etwa 120 relativ kleine Eier, wobei diese Zahl davon abhängt, wie lange sie brüten. Zwerg-Cochins gibt es in 24 Farbschlägen.

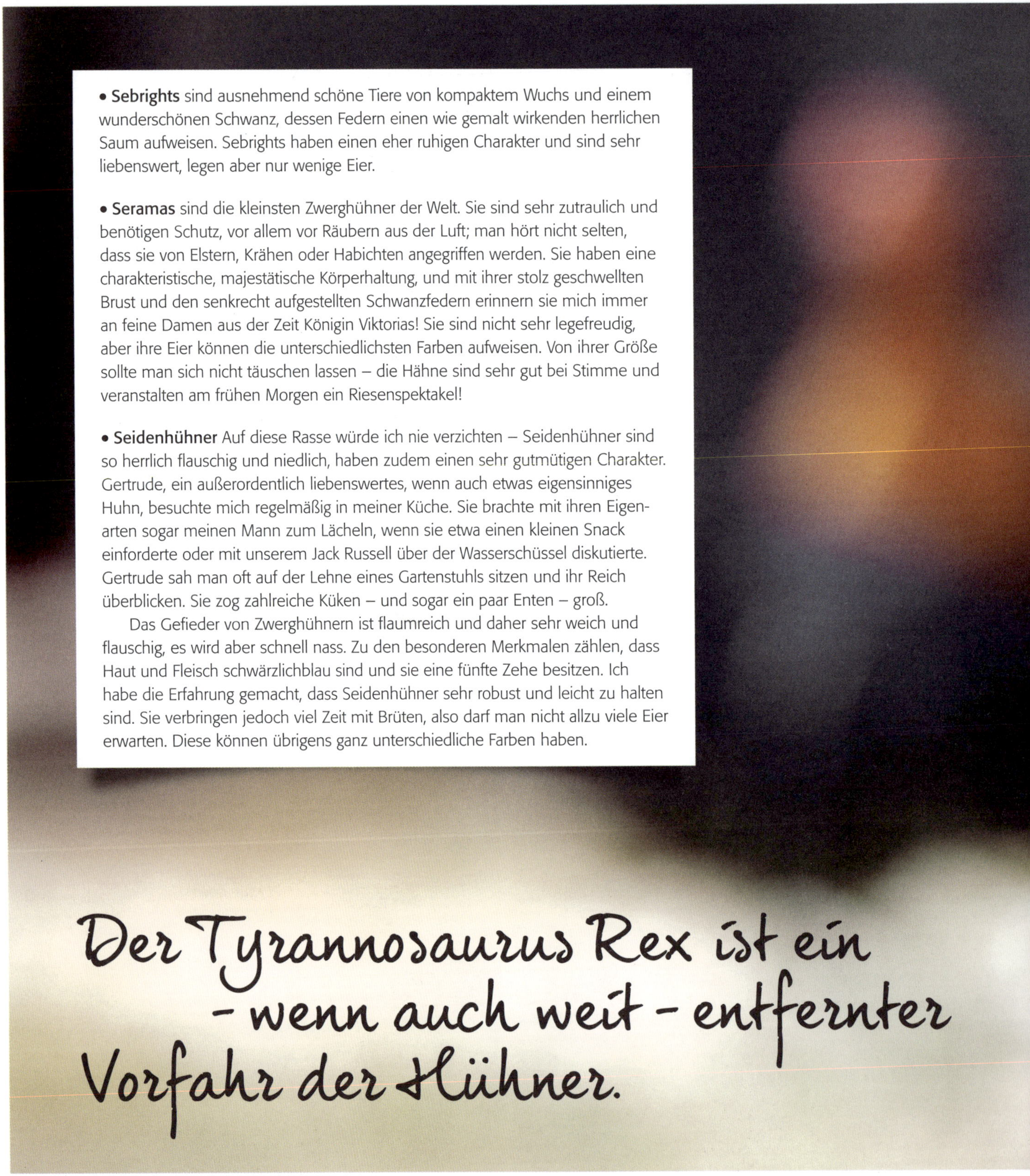

• **Sebrights** sind ausnehmend schöne Tiere von kompaktem Wuchs und einem wunderschönen Schwanz, dessen Federn einen wie gemalt wirkenden herrlichen Saum aufweisen. Sebrights haben einen eher ruhigen Charakter und sind sehr liebenswert, legen aber nur wenige Eier.

• **Seramas** sind die kleinsten Zwerghühner der Welt. Sie sind sehr zutraulich und benötigen Schutz, vor allem vor Räubern aus der Luft; man hört nicht selten, dass sie von Elstern, Krähen oder Habichten angegriffen werden. Sie haben eine charakteristische, majestätische Körperhaltung, und mit ihrer stolz geschwellten Brust und den senkrecht aufgestellten Schwanzfedern erinnern sie mich immer an feine Damen aus der Zeit Königin Viktorias! Sie sind nicht sehr legefreudig, aber ihre Eier können die unterschiedlichsten Farben aufweisen. Von ihrer Größe sollte man sich nicht täuschen lassen – die Hähne sind sehr gut bei Stimme und veranstalten am frühen Morgen ein Riesenspektakel!

• **Seidenhühner** Auf diese Rasse würde ich nie verzichten – Seidenhühner sind so herrlich flauschig und niedlich, haben zudem einen sehr gutmütigen Charakter. Gertrude, ein außerordentlich liebenswertes, wenn auch etwas eigensinniges Huhn, besuchte mich regelmäßig in meiner Küche. Sie brachte mit ihren Eigenarten sogar meinen Mann zum Lächeln, wenn sie etwa einen kleinen Snack einforderte oder mit unserem Jack Russell über der Wasserschüssel diskutierte. Gertrude sah man oft auf der Lehne eines Gartenstuhls sitzen und ihr Reich überblicken. Sie zog zahlreiche Küken – und sogar ein paar Enten – groß.

Das Gefieder von Zwerghühnern ist flaumreich und daher sehr weich und flauschig, es wird aber schnell nass. Zu den besonderen Merkmalen zählen, dass Haut und Fleisch schwärzlichblau sind und sie eine fünfte Zehe besitzen. Ich habe die Erfahrung gemacht, dass Seidenhühner sehr robust und leicht zu halten sind. Sie verbringen jedoch viel Zeit mit Brüten, also darf man nicht allzu viele Eier erwarten. Diese können übrigens ganz unterschiedliche Farben haben.

Der Tyrannosaurus Rex ist ein – wenn auch weit – entfernter Vorfahr der Hühner.

Wo kauft man Hühner?

Als Anfänger ist man gut beraten, seine Hühner bei einem erfahrenen Züchter zu kaufen. Man sollte sich auf dessen Hof umsehen und die Hühner in Augenschein nehmen dürfen, außerdem sollte er eine Beratung anbieten und Fragen offen beantworten. Meiner Meinung nach sollte ein Züchter, dem seine Tiere am Herzen liegen, einem potenziellen Käufer ebenfalls Fragen stellen. Bei mir dauert es manchmal bis zu einer Stunde, bis ich angehenden Hühnerhaltern alle Fragen beantwortet habe und sowohl sie als auch ich das Gefühl haben, sie seien nun in der Lage, die richtige Wahl zu treffen. Die meisten Züchter bieten den Service an, auch später noch telefonisch zu beraten. Ich z. B. ermuntere meine Käufer, mich über ihre Hühner auf dem Laufenden zu halten. Kaufen Sie nie ein Tier, das Sie vorher nicht begutachten durften!

Einmal bekam ich Besuch von einer Frau, die bei einem Züchter einige Hennen gekauft hatte. Diese waren kurz darauf erkrankt, doch als sie bei dem Züchter anrief, wollte dieser ihr nicht mehr mit Rat und Tat zur Seite stehen. Wie sich herausstellte, hatte sie weder die Hühner noch deren Stall begutachtet, sondern einfach nur eine Kiste in Empfang genommen – die Tiere darin waren alle untergewichtig, lethargisch und komplett verlaust. Durch hingebungsvolle Pflege, eine Behandlung mit Antibiotika, eine Wurmkur sowie eine Bekämpfung der Läuse konnten sie wieder aufgepäppelt werden, doch hatte die Besitzerin weder eine Ahnung, wie alt ihre Hühner waren, noch ob sie geimpft sind.

Ein andermal rief mich ein Mann an, der seine Hühner bei mir gekauft hatte, und berichtete, ihnen ginge es schlecht. Sie seien irgendwie matt, lethargisch, würden keine Eier mehr legen und häufig niesen. Durch Nachfragen fand ich heraus, dass er auf dem Markt zwei Hennen gekauft hatte, die nicht ganz auf der Höhe wirkten, doch hatte er dies dem Stress zugeschrieben. Dann hatte er diese Hennen zu meinen in den Stall gesetzt, und am Schluss hatten alle eine Mycoplasmose (s. S. 123).

Momentan gibt es viele Leute, die vom gegenwärtigen Trend profitieren und mit dem Verkauf von Hühnern schnelles Geld machen wollen. Halten Sie sich von diesen fern – verlassen Sie sich lieber auf persönliche Empfehlungen und gehen Sie zu einem anerkannten Züchter. Prüfen Sie immer kritisch die Tiere und ihre Lebensumstände, und wenn Ihnen etwas nicht gefällt, vertrauen Sie Ihrem Instinkt und gehen Sie einfach wieder. Ich züchte nun seit fünf Jahren Hühner in großem Stil. Es ist keine leichte Arbeit und reich wird man davon auch nicht, aber ich habe mich für dieses Leben entschieden und bin mit Leidenschaft dabei. Ich liebe es, mich um meine Hühner zu kümmern, so wie ich mich um meine Kinder kümmere, und wenn man bis zu tausend Hühner hält, ist das wirklich ein Vollzeitjob.

TUN UND LASSEN

Ja

- das Huhn persönlich ansehen und untersuchen
- Fragen stellen
- sich umsehen
- sich Zeit lassen
- mindestens drei Hühner halten

Nein

- ein Huhn kaufen, das man nicht gesehen und begutachtet hat
- ein Huhn aus Mitleid kaufen
- bei jemandem kaufen, dessen Hühnerhaltung einem nicht gefällt

RECHTS: Ein wunderschönes, männliches weißes Seidenhuhn.

CHECKLISTE FÜR DEN KAUF

Wählen Sie grundsätzlich ein Huhn, das wach und lebendig ist – nie eines, das matt oder schläfrig wirkt.

Augen: sollten klar sein, niemals verklebt oder tränen.
Kamm: bei Junghennen klein und rosa, danach aufgestellt und rot.
Schnabel: sollte Normalform haben, nicht kupiert sein.
Nasenlöcher: hier sollte kein Ausfluss oder Geruch erkennbar sein.
Beine: sollten glatt und sauber sein.
Gefieder: sollte glänzend und ohne kahle Stellen sein.
Kloakenöffnung: sollte sauber sein.

OBEN LINKS: Fachgerechtes Festhalten eines Huhns mit angelegten Flügeln. OBEN RECHTS: Sicheres Zeichen dafür, dass dieses Huhn gepickt wurde, ist die V-förmige Federspitze. UNTEN LINKS: Kamm eines bunten Sussex-Huhns. UNTEN RECHTS: Ein neugieriges Hybrid-Huhn.

Worauf man beim Kauf achten sollte

Sie haben sich entschieden, wo Sie Ihre Hühner kaufen wollen? Dann gebe ich Ihnen jetzt noch ein paar Tipps, worauf Sie beim Untersuchen der Hühner achten sollten. Dass man sich die Tiere vor einem Kauf gründlich anschaut, ist die Regel, und ein guter Züchter wird Sie sogar dazu auffordern. Ich jedenfalls tue das.

Wählen Sie nur ein Huhn, das wach und lebhaft ist, niemals ein schläfrig oder matt wirkendes. Auch wenn Sie meinen, es handle sich vielleicht um ein eher ruhiges Tier – in der Regel ist apathisches Verhalten ein Zeichen dafür, dass es dem Huhn nicht gut geht! Normal ist, dass ein Huhn wegläuft, wenn man es zu fangen versucht.

Ein gefangenes Huhn wird noch eine Weile herumzetern (das würde ich auch, wenn man mich fangen und auf den Arm nehmen würde!), aber das ist ebenfalls normal. Reden Sie mit dem Tier und halten Sie es sanft fest. Wenn Sie nicht wissen, wie das geht, bitten Sie den Züchter, es Ihnen zu zeigen.

Sehen Sie sich die Augen an; diese sollten klar und strahlend sein, niemals trüb und verklebt. Dann den Kamm: Bei etwa 16 bis 18 Wochen alten Junghennen ist er klein und rosa, danach aufgerichtet und rot. Bei einigen Rassen, z.B. den Seidenhühnern, hat die Haut einen typischen bläulichen Schimmer. Der Schnabel sollte seine natürliche Form haben. Wurde der Schnabel kupiert, d.h. bei Küken wurde ein Teil des Schnabels gekürzt, damit sich die Tiere nicht gegenseitig picken können, bedeutet dies, dass das Tier in einem überbesetzten Stall gehalten wurde und in der Regel auch keinen Auslauf hatte. Überlegen Sie, ob Sie diese Praxis unterstützen wollen – wenn niemand Vögel mit kupierten Schnäbeln kaufen würde, müssten die Züchter umdenken. Bei den Nasenlöchern sollten weder Ausfluss noch Geruch erkennbar sein. Die Beine müssen glatt und sauber sein, das Gefieder sollte ebenfalls sauber sein und glänzen und vor allem keine kahlen Stellen aufweisen. Auch die Kloakenöffnung sollte sauber sein.

Die Legereife eines Huhnes lässt sich durch das Ertasten des Abstandes zwischen den Beckenknochen feststellen; bei einer legereifen Henne ist dieser etwa drei Finger breit.

Hühner aus Intensivhaltung

Sehr billig erhältlich sind Hühner aus Intensivhaltung, deren Legeleistung nachgelassen hat und deren kommerzielle Nutzung nicht mehr »lohnt«, also meist nach 1 bis 2 Jahren. Meist kommen solche Tiere gar nicht auf den Markt, sondern direkt zum Schlachter. Erwirbt man eines dieser Tiere, weiß es meist nicht, wie es sich in einem Stall zurechtfinden soll, ihm fehlen Federn, es ist zu nervös und ängstlich, um sich nach draußen zu wagen. Mit viel Liebe, Geduld und gutem Futter kann man es so weit aufpäppeln, dass es etwas Selbstvertrauen gewinnt und sich sein Gefieder erholt. Das kann sehr befriedigend sein, ist aber, gerade Anfängern in der Hühnerhaltung, nicht zu empfehlen.

Der Heimtransport

RECHTS: Dreieckiger, mobiler Hühnerstall.

Es ist sehr wichtig, dass in Stall und Auslauf alles vorbereitet ist, bevor man seine Hühner nach Hause bringt. Im Stall muss genügend Einstreu vorhanden sein, ebenso ausreichend Futter (vorzugsweise das, an das die Hühner gewohnt sind) und frisches Wasser. Waren Sie zuvor noch nicht beim Verkäufer (wozu ich Ihnen jedoch dringend raten würde), rufen Sie vorher dort an und fragen Sie, ob Sie etwas Futter von ihm mitnehmen können. Man sollte die Hühner nicht dem doppelten Stress aussetzen, sich gleichzeitig an eine neue Umgebung und neues Futter gewöhnen zu müssen. Geben Sie in das Trinkwasser zwei geschälte und leicht zerdrückte Knoblauchzehen – dies stärkt das Immunsystem der Hühner, das durch den Umzugsstress geschwächt sein wird. Es ist immer aufregend, seine Neuerwerbungen abzuholen; falls Kinder dabei sind, sollten Sie ihnen jedoch erklären, dass die Hühner auf dem Heimweg Ruhe brauchen.

Einmal kam eine sehr nette Familie mit drei aufgeregten Kindern zum mir, um ihre Hühner abzuholen. Es lief alles ganz gut, bis der Vater die Transportkiste mit den drei Hühnern der ältesten Tochter auf den Schoß stellte. Diese brach in hysterisches Geschrei aus und ruderte wild mit den Armen. Es gelang mir, die Kiste rasch wieder aus dem Auto zu holen. Während die Eltern ihre Tochter beruhigten, erklärte ich mit fester Stimme, dass ein solches Geschrei und Verhalten nicht akzeptabel sei, da es die Hühner völlig verängstige. Zwar könne ich die Aufregung der Kinder nachvollziehen, doch sei es wichtig, dass man bei Hühnern möglichst auf Ruhe achte und Aufregung vermeide, und das sollte man Kindern vom ersten Tag an deutlich machen. Auch einem Tier muss man Respekt erweisen!

OBEN: Henne mit wachem Blick.
UNTEN LINKS: Eine ideale Transportkiste für Hühner.
UNTEN RECHTS: Legereife Henne – bereit für den Weg in ihr neues Zuhause.

Wie transportiert man Hühner am besten?

Sehr gut eignen sich Transportboxen für Haustiere, ein Karton tut es zur Not auch. Allerdings muss der Karton mit genügend großen Luftlöchern versehen sein. Als Einstreu eignen sich Zeitungsschnipsel sehr gut, die sich hinterher problemlos entsorgen lassen. Wenn irgend möglich, sollte man alle Hühner in einer Kiste transportieren, da sie sich in Gesellschaft vertrauter Tiere weniger ängstigen. Völlig unakzeptabel ist es, den Tieren die Beine zusammenzubinden und sie im Kofferraum zu verstauen oder sie in Säcke zu stecken. Eine Familie meinte auch, die Hühner könne man einfach so auf den Schoß der Kinder setzen, obwohl Transportkisten zur Verfügung standen – das ist gefährlich!

Das Eingewöhnen

Daheim ankommen, sollte man seine Hühner erst einmal in den Stall setzen und ihnen eine Pause von einer Stunde, an einem heißen Tag eine Rast von einer halben Stunde, gönnen. Vorsicht beim Öffnen der Kiste, damit die Hühner nicht das Weite suchen! Ich erinnere mich noch an den Anruf einer Frau an einem Samstag, die am selben Morgen bei uns Hühner gekauft hatte. Ihr Weißes Leghorn war aus der Kiste geflattert und auf und davon. Sie dachte, vielleicht würde die Henne zu uns zurücklaufen, doch ich erklärte ihr, dass dies sehr unwahrscheinlich sei, da wir mehr als 30 Kilometer auseinander wohnten!

Während sich die Hühner eingewöhnen, sollte man andere Haustiere und Kinder von ihnen fernhalten. Anfangs werden die Neuankömmlinge vielleicht etwas zurückhaltend sein, aber drängen Sie sie nicht! Haben Sie etwas Geduld, sie werden schon kommen; vor allem, wenn man sie mit einem kleinen Leckerbissen lockt. Das wirkt auch bei besonders scheuen Tieren. Setzen Sie sich, falls möglich, eine Weile zu ihnen, damit sie sich an Sie gewöhnen können.

Sobald die Hühner draußen sind, gefüttert wurden und etwas herumgescharrt haben, können Sie andere Haustiere zum Beschnuppern herholen, aber bitte gehen Sie schön langsam und vorsichtig vor. Es kann schon mal eine Weile dauern, bis sich die Tiere aneinander gewöhnen, doch wenn man dabei ruhig und gelassen bleibt, dürfte es ganz gut klappen. Kontraproduktiv wirken sich vor allem Geschrei und Hektik aus, da dies die Hühner zusätzlich stresst und verängstigt.

Die erste Nacht

Manchmal tun sich Hühner schwer damit, sich in ihrer ersten Nacht an einem fremden Ort zurechtzufinden. Wenn Sie sie gleich nach dem Ankommen in den Stall setzen und in Ruhe abwarten, bis sie von alleine herauskommen, erinnern sich die Hühner abends meist daran, wo sie hin sollen. Manche sind aber auch zu aufgeregt und durcheinander, um zu wissen, wohin – diese nimmt man am besten hoch und setzt sie in den Stall. Auch sie werden sich nach ein paar Nächten eingewöhnt haben. Hilfreich kann es sein, eine eingeschaltete Taschenlampe in den Stall zu legen, deren Licht die Tiere anlockt.

Der Umgang mit Hühnern

Bei der Geflügelhaltung ist es sehr wichtig, dass man lernt, mit den Tieren richtig umzugehen. Bitten Sie den Züchter beim Kauf Ihrer Hühner, Ihnen genau zu zeigen, was Sie tun sollen. Am leichtesten lernt man den richtigen Umgang mit Tieren, wenn man jemandem dabei zuschaut – im besten Fall bleiben dann keine Fragen mehr offen.

Der Schlüssel zum richtigen Umgang mit Hühnern liegt darin, alles möglichst ruhig und gelassen zu machen und leise mit den Tieren zu reden. Lärm, Geschrei und schnelle Bewegungen versetzen sie in Panik und sollten vermieden werden. Nachts ist der Umgang mit ihnen einfacher, da sie dann schläfrig sind und weniger zum Wegfliegen neigen. Nähert man sich einem Huhn, sollte man leise auf es einreden. Will man es hochnehmen, sollte man langsam die Hand ausstrecken und unter die Brust des Tieres schieben, bis sie auf der Handfläche aufliegt. Mit dem Daumen den äußeren Flügel festhalten, dann das Huhn hochnehmen und sanft an den eigenen Körper drücken. Mit etwas Übung geht das ganz leicht. Wenn Sie dabei Ruhe ausstrahlen, werden Ihre Hühner bald merken, dass ihnen nichts passiert und sich entsprechend verhalten.

Hühner sind sehr empfindlich, was ihre unmittelbare Umgebung angeht. Es setzt sie leicht unter Stress, wenn Stall und Auslauf nicht groß genug sind, wenn man grob mit ihnen umgeht oder sie in der Nähe von jungen oder lebhaften Hunden hält. Dasselbe gilt für kleine Kinder, die viel schreien oder die Hühner ärgern. Auch Wasser- und Futtermangel stresst sie, ebenso sehr heißes Wetter ohne Schatten oder extrem kalte Witterung ohne Schutz. Auch das nächtliche Kratzen und Scharren eines Fuchses an ihrem Stall kann sie ängstigen.

Einmal rief mich eine Frau an, die sehr besorgt war, weil ihre Hühner, die sie erst zwei Monate zuvor gekauft hatte, plötzlich ohne ersichtlichen Grund keine Eier mehr legten. Wie sich herausstellte, hatte ihr Labrador Jagd auf sie gemacht und eines erwischt. Ich erklärte ihr, dass die Hühner durch den Zwischenfall zu sehr unter Stress geraten waren, um noch Eier legen zu können, auch wenn keines von ihnen verletzt worden war. Hühner können sich an Hundegebell und spielende Kinder gewöhnen, ja, sogar an den Krach von Hubschraubern, aber alles, was ihnen unangenehm ist, kann bei ihnen Stress verursachen, und dieser wiederum kann sie krank machen. Mit Zeit und Geduld lässt sich ihr Vertrauen in die Umwelt wieder herstellen, auch wenn es etwas dauert, bis sie stressige Zwischenfälle vergessen haben.

RECHTS: So hält man ein Huhn richtig, damit es sich sicher und geborgen fühlt.

Hühner und Kinder

Da meine Kinder mit Hühnern aufgewachsen sind, sind die Tiere für sie nichts Besonderes. Aber als wir einmal Freunde zu Besuch hatten, fragte eines von deren Kindern allen Ernstes, warum meine Hühner keine Eier mit Stempel legen!

Kinder sind in der Regel härter im Nehmen, als man glaubt, und das Halten von Hühnern gab mir immer wieder Gelegenheit, mit ihnen über ernste Themen wie Tod, Krankheit oder auch Fortpflanzung zu reden – Lachen und Weinen nicht ausgeschlossen!

Mein Jüngster musste in einer harten Lektion lernen, wie man mit Hühnern umgeht, als er im Überschwang seiner Gefühle ein Huhn zu Tode drückte – etwas, was er nie vergessen oder noch einmal tun wird. Aber der Tod ist etwas, was uns alle einmal betrifft, und ihn im Zusammenhang mit einem Haustier zu erleben, hilft Kindern zu verstehen, dass es etwas ganz Natürliches ist, wenn jemand stirbt.

Wir hatten schon alle möglichen Haustiere und, ganz ehrlich, Hühner sind mir die liebsten. Sie lassen sich knuddeln, sie folgen einem und unterhalten einen – auf ihre Art natürlich –, wenn man im Garten arbeitet. Und sie legen Eier für das Frühstück.

Meine Kinder profitierten von ihnen sogar im Unterricht, da viele Schulen heutzutage das Thema »Vom Ei zum Küken« auf dem Lehrplan stehen haben. Das Selbstvertrauen meiner jüngsten Tochter wuchs ins Unermessliche, als sie zur »Hühner-Expertin« ihrer Klasse ernannt wurde. Mittlerweile hatte ich schon viele Schulklassen auf meinem Hof, und die Freude und Begeisterung der Kinder beflügelt mich immer wieder. Ein kleiner Junge, der einige Hennen für sich selbst kaufte, fragte mich einmal, warum einige Bauern denken würden, es sei in Ordnung, Hühner in Käfigen zu halten. Sowohl seine Mutter als auch ich waren erstaunt, dass bereits ein so kleines Kind dies als Unrecht empfand. Andere, schon größere Jungs, holen sich das Geld, das sie mir für ihre Hühner gezahlt haben, über den Verkauf von Eiern wieder zurück. Sie riefen mich sogar an, um zu fragen, ob sie bei mir Eierkartons kaufen könnten, da die Nachfrage so enorm sei und sie einen besseren Preis für ihre Eier erzielen würden als ich. Das sind definitiv die Unternehmer von morgen!

Kinder sind durchaus imstande, sich um Hühner zu kümmern, brauchen aber einen Erwachsenen, der ihnen über die Schulter schaut und sie gelegentlich dazu anhält, ihre Pflichten zu erfüllen.

GEGENÜBER UND OBEN: Kinder lieben Hühner und profitieren davon, die Verantwortung für ein Nutztier zu tragen.

Auf der Erde gibt es mehr Hühner als Menschen.

Neue Hühner in den Bestand integrieren

Wenn die neu hinzugekommenen Hühner nicht vom gleichen Verkäufer oder Hof stammen wie die im Altbestand, ist es wichtig, sie etwa einen Monat lang getrennt voneinander zu halten. In dieser Zeit sollte man sie beobachten, um sicherzugehen, dass sie keine Krankheiten einschleppen. Ist man sicher, dass die Hühner gesund sind, wird es Zeit, sie mit den anderen zu sozialisieren. Haben Sie viel Platz zur Verfügung oder leben Ihre Hühner im Freigehege, würde ich dies nachts tun, wenn die bereits früher vorhandenen Tiere ruhen. Hilfreich ist, wenn man alle Hühner mit Milbenmittel oder Knoblauchpulver einstäubt, damit sie alle gleich riechen. Eine Zeitlang sollten zudem mehr Futterspender und Tränken aufgestellt werden, damit es nicht zu Rangeleien kommt. Ablenkung ist ebenfalls gut (s.S. 34). Legt man beispielsweise einige neue Holzklötze in den Auslauf und gestaltet diesen etwas um, sind auch die älteren Hühner verunsichert, nicht nur die neuen. Bleiben Sie am Tag der Eingliederung in der Nähe, um die Tiere im Auge behalten zu können.

Gibt es in der Schar einen Hahn, werden sich die neuen Hennen relativ rasch integrieren, in einer reinen Hennenschar kann dies bis zu einer Woche dauern. Neue Hühner in einem kleinen Auslauf einzugewöhnen ist sowohl für den Besitzer als auch für die Hühner etwas anstrengender. Ablenkung und kleine Leckerbissen halten die Hühner zwar einigermaßen bei Laune, können aber die Streitereien nicht verhindern, die notwendig sind, um eine neue Rangordnung zu etablieren (s.S. 94). Wenn möglich, sollte man vorübergehend einen kleinen Zweitauslauf neben dem Freigehege aufstellen, so dass sich die Hühner erst einmal eine Weile in Ruhe gegenseitig in Augenschein nehmen können. Bewährt hat sich auch, einen Tag lang die neuen Hühner in das bestehende Freigehege zu setzen und den Altbestand in den provisorischen Auslauf. Aus nahe liegenden Gründen ist es immer sinnvoll, zwei Hühner zeitgleich einzuführen.

RECHTS: Mein Jack Russel beim Nachmittags-Snack mit seinen gefiederten Freundinnen.

Hühner bei anderen Haustieren einführen

Wenn Sie einen Hund mit den Hühnern bekannt machen wollen, nehmen Sie ihn an die Leine und gehen mit ihm um die Umzäunung des Auslaufs herum. Bellt er und will sich auf die Hühner stürzen, tadeln Sie ihn mit fester Stimme und entfernen sich vom Hühnerstall. Ein Hund braucht eine Weile, bis er sich an etwas Neues gewöhnt hat, doch meist reicht ein Picken mit dem Schnabel schon aus, um ihn in seine Schranken zu weisen. Ich habe einen Jack Russell und einen Bullterrier, die beide nicht einmal im Traum daran denken würden, meinen Hühnern etwas anzutun. Ich habe allerdings immer darauf geachtet, meine Hunde richtig zu erziehen. Mein Jack Russell hat sogar öfters mit Gertie, einer meiner Seidenhuhndamen, sein Essen geteilt. Dennoch sollte man seine Hunde besser nie ganz unbeaufsichtigt mit den Hühnern lassen.

Katzen haben normalerweise mit Hühnern keine Probleme – schauen Sie sich mal ein paar Videos auf YouTube an, dann werden Sie sehen, dass bei einer Auseinandersetzung eher die Katze den Kürzeren zieht! Allerdings kann es vorkommen, dass ein hungriger Streuner zum Problem wird – ist zwar selten, aber

möglich. Und wie kommen Kaninchen und Meerschweinchen mit Hühnern klar? Ganz gut, solange genügend Platz vorhanden ist und ihnen einige Fleckchen zur Verfügung stehen, wo die Hühner nicht hinkommen. Mit seinem Schnabel kann ein Huhn einem kleinen Tier beträchtliche Verletzungen zufügen.

Küken selbst aufziehen

Bei weitem der beste Weg, Eier zu bebrüten, ist der natürliche – nämlich eine brütende Henne auf sie zu setzen. Hennen von Seidenhühnern, Zwerg-Cochins, Sussex und bestimmten Kreuzungen sind wunderbare Glucken. Die Alternative ist ein Brutapparat. Es gibt ein paar sehr gute Modelle auf dem Markt, also recherchieren Sie ein wenig und kaufen Sie den besten, den Sie sich leisten können. Denken Sie daran, dass die Eier im Brutapparat mindestens dreimal am Tag gewendet werden müssen, außer Sie haben einen Brutapparat, der dies automatisch bewerkstelligt. Lesen Sie die Bedienungsanleitung des Gerätes sorgfältig durch und halten Sie sich an die Angaben. Das Gerät benötigt einen Standort mit konstanter Umgebungstemperatur ohne direkte Sonneneinstrahlung. Man sollte das Gerät vor dem ersten Gebrauch desinfizieren, dann mindestens 24 Stunden laufen lassen und dabei Temperatur und Luftfeuchtigkeit überprüfen. Sobald die richtigen Werte erreicht sind, können Sie die Eier hineinlegen. Die Eier sollten so frisch wie möglich und mit einem Mittel desinfiziert worden sein, das sich sowohl für die Eier als auch für den Brutapparat eignet.

RECHTS: Süße, flaumige Küken – es macht Freude, sie aufzuziehen, aber vergessen Sie nicht, dass mindestens die Hälfte davon zu Hähnen heranwachsen.

DURCHLEUCHTEN DER EIER

Während der ersten 17 Tage sollte die Temperatur auf 37,5 °C eingestellt sein und die Luftfeuchtigkeit bei 53 % liegen. Mit diesen Werten habe ich die besten Erfahrungen gemacht, doch lesen Sie die Bedienungsanleitung des Herstellers auf jeden Fall sorgfältig durch, da die Vorgaben je nach Gerät variieren können.

Nach etwa sechs Tagen im Brutapparat sollte man die Eier in einem dunklen Raum durchleuchten (»schieren«). Dafür gibt es spezielle Schierlampen, man kann aber auch ein Loch in einen Karton schneiden und eine Taschenlampe so hineinstellen, dass ihr Strahl genau durch das Loch fällt. Es ist wichtig, zu diesem Zeitpunkt zu prüfen, ob das Ei befruchtet ist, da unbefruchtete Eier platzen und den Brutapparat verunreinigen können.

Beim Durchleuchten eines Eis kann man anhand der Luftblase gut den Luftfeuchtigkeitsgehalt prüfen. Bei einer zu kleinen Luftblase ist die Luftfeuchtigkeit zu hoch, bei einer zu großen ist die Luftfeuchtigkeit zu niedrig. Durch Auffüllen oder Leeren der Wasserrinnen im Apparat kann man korrigierend einwirken. Bei unbefruchteten Eiern ist das Innere klar und ungetrübt, bei befruchteten Eiern sieht man den Embryo als dunklen Punkt in einem Netz von Adern auf dem Dotter schwimmen wie eine Spinne. Eier, in denen sich ein dunkler Kreis abzeichnet, können ebenfalls entsorgt werden. Nach weiteren 14 Tagen durchleuchte ich die Eier meist noch einmal, um zu prüfen, ob alles in Ordnung ist.

OBEN: Küken haben es sich auf dem Schoß meiner Tochter bequem gemacht.

DER SCHLUPF – DIE KÜKEN SCHLÜPFEN

Nach dem 18. Tag sollte man ein Ei nicht mehr wenden, damit die Küken sich die richtige Position zum Schlüpfen aussuchen können. Das erste Zeichen für einen bevorstehenden Schlupf ist das sogenannte Anpicken, wenn das Küken die Eihaut mit dem Schnabel aufreisst und ein kleines Loch in die Eierschale pickt. Man kann jetzt schon hören, wie die Küken miteinander kommunizieren, und wenn man mit ihnen redet, antworten sie!

Vom ersten Anpicken bis zum endgültigen Schlupf kann es bis zu 24 Stunden dauern, manche schaffen es aber auch in wenigen Stunden.

Es ist nicht ratsam, einem Küken beim Schlüpfen zu helfen, da es normalerweise einen Grund dafür gibt, wenn es sich schwer tut. Es kann sein, dass Temperatur oder Luftfeuchtigkeit nicht gestimmt haben oder dass es einfach nicht lebensfähig ist. Schlüpfen Küken sehr spät (nach dem 21. Tag), liegt das meist an einer zu niedrigen Temperatur im Brutapparat. Solche Küken gedeihen oft schlecht, haben dünne Beine mit gekrümmten Zehen oder sind nicht in der Lage, fressen oder trinken zu lernen. Ist die Temperatur zu hoch, schlüpfen die Küken zu früh (vor dem 21. Tag) und haben oft Spreizbeine (s. S. 132). In diesen Fällen müssen Sie beim nächsten Mal Luftfeuchtigkeit und Temperatur im Brutkasten ändern. Notieren Sie sich alle Änderungen, die Sie vornehmen, ebenso die Ergebnisse, dann haben Sie eines Tages die optimalen Bedingungen für das Bebrüten der Eier gefunden, auch wenn es einige Zeit dauern wird. Ich habe meine Brutapparate seit Jahren und kenne sie mittlerweile wie meine Westentasche!

Bewahren Sie bei einem Stromausfall die Ruhe – Küken vertragen einen Temperaturabfall deutlich besser als einen Temperaturanstieg. Dauert der Stromausfall etwas länger, decken Sie die Brutapparate mit Handtüchern oder alten Bettdecken bzw. Schlafsäcken ab, damit möglichst wenig Wärme verloren geht. Rufen Sie Ihren Stromversorger an, und fragen Sie nach, wie lange der Stromausfall dauern wird. Fällt der Strom sehr lange aus, sollten Sie die Eier am besten in eine Kiste legen, diese mit einem Handtuch umwickeln und in einen Wäscheschrank oder neben (aber nicht zu nahe an) das Kaminfeuer oder einen Ofen stellen. Die Schlupfrate wird vermutlich nicht sehr hoch sein, aber ein Versuch ist es wert, vor allem, wenn der Schlupfzeitpunkt kurz bevorsteht.

Einmal habe ich sogar »Schlupfhilfe« geleistet – und zwar mit meinem BH! Ja, Sie haben richtig gelesen. Als ich eines Morgens nach einer meiner brütenden Hennen sehen wollte, entdeckte ich, dass sie aufgegeben und ihr Nest verlassen hatte. Zwei Küken waren bereits halb aus der Schale heraus, aber eiskalt und leblos, ein anderes gab noch ein schwaches Piepsen von sich. Also nahm ich alle drei, steckte sie mir in den BH und fuhr mit meiner Arbeit fort. Gegen 10 Uhr wurde das Piepsen immer lauter und nachdrücklicher. Um 14 Uhr schmiegten sich bereits zwei süße, flauschige Hühnchen an meine Brust, einige Stunden später gefolgt von Nummer drei. Ich brauche ja nicht zu betonen, dass sie ab da nicht mehr lange in meinem BH blieben!

Küken beim Schlüpfen zu beobachten, ist faszinierend. Sogar mein halbwüchsiger Sohn riskiert dann öfters einen Blick in den Raum mit den Brutapparaten, obwohl er immer behauptet, er suche nur nach einer Fahrradpumpe.

DIE AUFZUCHT

Nachdem die Küken im Brutapparat geschlüpft und getrocknet sind, bringt man sie in ihr neues Zuhause. Ich habe gute Erfahrungen mit großen Plastikkisten gemacht, da diese nicht nur leicht zu reinigen sind, sondern auch vor Zugluft schützen. Ich lege den Boden mit Zeitungen – und in der ersten Woche zusätzlich mit Küchenkrepp – aus. So lässt sich verhindern, dass die Küken auf dem glatten Boden ausrutschen und sich die Beine verletzten (s. S. 132 »Spreizbeine«).

Wichtig ist vor allem, die Küken warm zu halten. Dazu hängt man eine Infrarot-Wärmelampe über die Kiste; am Verhalten der Küken lässt sich erkennen, ob die Temperatur stimmt. Sitzen sie eng zusammengedrängt unter der Lampe, frieren sie; fliehen alle vor der Wärmequelle an den Rand der Kiste, ist es ihnen zu heiß. In beiden Fällen muss man die Temperatur korrigieren.

Küken, deren Umgebung genau die richtige Temperatur hat, wuseln fröhlich herum und schlafen dort, wo sie gerade vor Müdigkeit umfallen. Im Lieferumfang der meisten Infrarotlampen ist eine Kette enthalten, so dass man die Aufhängehöhe rasch verändern kann. Frieren die Küken, hängt man die Lampe tiefer, ist den Küken zu warm, hängt man sie höher. Man muss die Küken also beobachten und im Notfall die Wärme regulieren. Nach etwa 4 bis 5 Wochen kann man mit dem Abhärten beginnen, doch ist der exakte Zeitpunkt auch ein bisschen vom Wetter und der Jahreszeit abhängig. Abhärten heißt, nach und nach die Wärme zu reduzieren, indem man die Lampe jeden Tag etwa 2,5 cm höher hängt. Durch Beobachten erkennt man schnell, ob der Zeitpunkt richtig ist.

Im Idealfall lässt man Küken im Frühjahr schlüpfen, so wie es Mutter Natur vorgesehen hat. Zu dieser Jahreszeit gibt es nämlich alles, was sie brauchen: gutes Wetter, frisches Gras, jede Menge Käfer und längere Tage, um zu fressen und zu wachsen.

In der 4. oder 5. Woche wird die Lampe tagsüber abgeschaltet, über Nacht jedoch noch eine Woche angelassen und dann ganz entfernt. Wer Küken in den kühleren Monaten aufziehen will, muss sich hinsichtlich der jeweils notwendigen Zeitspannen auf sein Gefühl verlassen. Bedenken Sie aber: Je früher ein Küken akklimatisiert wird, desto robuster ist der erwachsene Vogel

Küken benötigen spezielles Starterfutter, da dies von der Größe der Bestandteile und der Zusammensetzung her genau auf ihre Bedürfnisse abgestimmt ist. Achten Sie darauf, dass dem Kükenfutter Mittel gegen Kokzidien beigemischt sind – die Kokzidiose ist eine Krankheit, die bei Küken tödlich verlaufen kann (s. S. 128). Das Futter gebe ich in die Futterspender, streue aber in den ersten Tagen auch ein wenig zwischen die Küken, um sie zum Fressen zu ermuntern, so wie es eine Glucke tun würde. Schon nach kurzer Zeit haben sie das begriffen.

Nach sechs Tagen kann man das Küchenkrepp weglassen und stattdessen Hobelspäne einstreuen; diese sind relativ staubfrei und können von den Küken aufgrund ihrer Größe nicht gefressen werden. Die Kisten müssen regelmäßig gesäubert werden, da feuchte, verschmutzte Einstreu zu vielfältigen Problemen führen kann.

FÜR UND WIDER DER KÜKENAUFZUCHT

Für

- macht viel Spaß , bereichert
- lehrreich für Kinder
- man erhält tolle Hühner

Wider

- es gibt auch männliche Küken
- ist zeitraubend
- man benötigt noch mehr Unterbringungsmöglichkeiten
- Todesfälle wegen Krankheit und/oder Stromausfällen

»Man soll nicht
über ungelegte Eier
gackern.«
(Sprichwort)

Wichtig ist, dass zu jeder Zeit frisches Trinkwasser zur Verfügung steht. Zwar gibt es spezielle Tränken für Küken, doch kann man auch Pflanzenuntersetzer verwenden – vorausgesetzt, man füllt diese mit sauberen Kieseln, damit die Küken nicht darin ertrinken können. Wasserspender sollten erhöht stehen, damit sie nicht durch Scharren mit Einstreu verunreinigt werden. Einen kleinen Tisch kann man leicht selbst bauen: einfach vier Dachlatten zu einem Viereck zusammenschrauben und mit einem Stück Maschendraht bespannen.

Das Wasser muss regelmäßig, etwa dreimal täglich, gewechselt werden, da es sich unter der Infrarotlampe erwärmen kann. Grünzeug, allerdings nur in minimalen Dosen gefüttert, verhindert, dass Kot an der Kloake kleben bleibt (s. S. 132). Ich füttere gerne Gras und Kopfsalat, in winzige Stückchen geschnitten. Nach einer Woche kann man zur Unterstützung der Verdauung auch ein bisschen Steinchengrit zufüttern; auf Muschelschrot sollte man jedoch verzichten, da dies eine erhöhte Kalziumzufuhr zur Folge hätte, die in diesem Alter zu Entwicklungsstörungen führt und auch die Nieren schädigen kann.

Nach sechs Wochen können die Küken in ihren eigenen Stall einziehen. Falls möglich, sollte man den Auslauf regelmäßig versetzen, um Problemen vorzubeugen und die Küken wie die großen Hühner vor Witterungseinflüssen zu schützen.

Von nun an bis zur 16. Woche erhalten sie Junghennenfutter. Zur Umgewöhnung mischt man eine Woche lang Kükenstarter mit Junghennenfutter. Ins Wasser kann man eine geschälte Knoblauchzehe geben, vor allem in der kalten Jahreszeit aber auch ein Stärkungsmittel. Sobald die Kleinen nach draußen gehen, müssen sie entwurmt werden. Für Küken verwende ich ein flüssiges Entwurmungsmittel, das man dem Trinkwasser zusetzt bzw. mit dem man Brotstücke tränkt. Eine Überdachung des Auslaufs ist notwendig, damit die Küken nicht Opfer von Vögeln wie Sperbern, Krähen und Elstern werden.

Haltung und Pflege – Tag für Tag

Routinearbeiten

OBEN LINKS: Eine hübsche Zwerg-Cochin-Henne. OBEN RECHTS: Ein Futterautomat lässt sich gut mit einer Schippe befüllen. UNTEN LINKS: Eier am besten jeden Tag einsammeln – das verringert die Gefahr, dass sie versehentlich kaputt gehen. UNTEN RECHTS: Verschiedenfarbige Eier sind ein Blickfang in jeder Küche.

Ihre Hühner haben sich nun also mit ihrer neuen Umgebung, mit Stall und Auslauf, vertraut gemacht. Sie werden bald merken, dass Hühner nach der Eingewöhnungszeit Routinen lieben, da sie ihnen Sicherheit und Geborgenheit vermitteln. Der tägliche Ablauf bleibt deshalb das ganze Jahr über gleich, außer bei Arbeiten, die jahreszeitenabhängig sind. Und eins vorweg: Sie müssen keinen Wecker stellen, um schon in der Morgendämmerung auf den Beinen zu sein! Sie können ruhig warten, bis der Tag erwacht ist. Aber denken Sie daran: Hühner sind keine Teenager und schätzen es gar nicht, erst um die Mittagszeit herausgelassen zu werden. Auch ihre Zu-Bett-Geh-Zeit ändert sich je nach Jahreszeit, also gehe ich immer erst kurz vor Anbruch der Dunkelheit hinaus und warte auf den günstigsten Zeitpunkt. Natürlich gelingt es nicht immer, strikt diese Routinen beizubehalten, und eine gelegentliche Abweichung ist auch kein Problem. Wenn Sie beispielsweise abends ausgehen wollen, können Sie die Hühner auch früher in den Stall bringen – sie werden zwar nicht begeistert sein, aber das ist immer noch besser für sie, als vom Fuchs geholt zu werden.

Sobald die Hühner draußen sind, müssen sie mit frischem Wasser versorgt werden. Sie trinken viel, weshalb man an heißen Tagen den Wasserbehälter morgens und nachmittags noch einmal auffüllen sollte. Ich füttere meine Hühner regelmäßig und fülle jeden Tag ihre Futterspender nach. Meiner Erfahrung nach sind sie nicht übermäßig verfressen und nehmen nur so viel auf, wie sie brauchen. Ihre Nahrungsaufnahme variiert je nach Wetter, wobei sie im Winter mehr Futter brauchen, um sich warm zu halten. In Legehennen-Alleinfutter ist alles enthalten, was die Hühner brauchen, um gesund zu bleiben und köstliche Eier zu legen. Nach dem Füttern sollten Sie im Auslauf prüfen, ob es Anzeichen dafür gibt, dass sich nachts dort irgendwelche räuberischen Tiere herumgetrieben haben.

Nach dem Frühstück und einigen Lockerungsübungen werden Ihre Hühner erst einmal ein paar Eier legen; geben Sie ihnen eine gute Stunde, dann können Sie nachschauen gehen. Eier sollte man nicht tagelang in den Nestern liegen lassen, da sie sonst zerbrechen können. Dann besteht die Gefahr, dass die Hühner sie fressen – und sobald sie sich das einmal angewöhnt haben, ist es schwer, sie wieder davon abzubringen.

Am Nachmittag bzw. frühen Abend schätzen Hühner eine Kleinigkeit zum Naschen wie eine Handvoll Körnerfutter. Das ist auch eine prima Gelegenheit, um sie handzahm zu machen. Wenn man sie ruft oder den Eimer schüttelt, bevor man das Futter ausstreut, dann bringen sie diese Geräusche mit dem Snack in Verbindung und kommen angerannt. Sind die Hühner draußen und man will sie in den Stall locken, muss man nur eine Handvoll Körner auf den Boden streuen und schon sind sie da; gleichzeitig haben sie etwas zu scharren und sind auch nachts noch beschäftigt.

Denken Sie daran, dass Körner für Hühner so lecker und kalorienreich sind wie für uns Schokolade, und fette Hühner legen nicht viele Eier! Vor kurzem kam ein Kunde zu mir und beklagte sich, eines seiner Hühner würde keine Eier legen. Als ich ihm die Kiste mit dem Tier abnahm und hineinsah, dachte ich zuerst, mehrere Hennen seien darin – doch stattdessen war es nur eine einzige, zwar ganz fröhliche, aber wirklich fette Henne. Nach einer strengen Diät begann sie wieder Eier zu legen.

Hat man vom Mittagessen Gemüse-, Obst-, Nudel-, Reis- oder sonstige Reste übrig, ist der Nachmittag die beste Zeit, um diese an die Hühner zu verfüttern. Am besten hängt man das Futter hoch auf, damit sich die Hühner danach strecken müssen – ein bisschen Sport tut ihnen gut! Dabei kann man sie gut beobachten und feststellen, welche Eigenheiten sie haben, wer der Chef ist und ob alles in Ordnung ist. Kurz vor der Dämmerung sollte man die Vögel dann einschließen. Haben Sie die Hühner noch nicht lange, sind sie vermutlich noch leicht konfus und brauchen etwas Unterstützung, um die richtige Richtung zu finden – meist reicht es schon, sie langsam und ruhig mit ausgebreiteten Armen in den Stall zu treiben.

Sobald sie auf ihren Stangen sitzen, sollte man etwaige Futterreste einsammeln, damit sie keine anderen Tiere, vor allem Mäuse, anlocken. Noch einmal prüfen, ob abgeschlossen ist, dann ist Feierabend. Eine Freundin erledigt diese letzten Arbeiten immer bereitwillig, um dem Chaos in ihrem Haus zu entfliehen – mit einem Glas Wein in der Hand!

Wenn Sie tagsüber im Garten sind, leisten Ihnen die Hühner sicher gerne Gesellschaft, aber aufgepasst – sie rupfen Ihre Pflanzen aus und schauen sich, sobald sie zahm sind, auch ungeniert im ganzen Haus um. Achten Sie darauf, dass die Hühner nie unbeaufsichtigt außerhalb ihres Geheges im Garten herumlaufen, denn ein Fuchs kann sich eines in Sekundenschnelle schnappen, wie ich aus eigener Erfahrung weiß.

ZEITPLAN

Frühmorgens: Hühner herauslassen, füttern und mit frischem Wasser versorgen.

Vormittags: Eier einsammeln.

Nachmittags/früher Abend: Hühnern einen Snack anbieten.

Dämmerung: Hühner einschließen, Futterreste entfernen und die Umgebung des Stalls inspizieren.

RECHTS: Eine Maran-Hybride genießt ihren nachmittäglichen Ausgang.

Urlaubsplanung

Bevor Sie das erste Mal in Urlaub fahren, machen Sie sich wahrscheinlich Gedanken, ob Sie Ihre Hühner alleine lassen können. Mit der richtigen Planung ist das aber kein Problem. Fahren Sie nur über das Wochenende weg, reicht es, die Hühner mit ausreichend Futter und Wasser zu versorgen. Vorausgesetzt natürlich, dass Stall und Freigehege sicher gegen Räuber sind; das sollten Sie vor der Abreise noch einmal gründlich überprüfen. Um die Hühner abzulenken und zu beschäftigen, kann man ihnen etwas Gemüse in den Auslauf hängen.

Eine längere Abwesenheit bedarf schon gründlicherer Planung. In der Regel sind die Nachbarn gerne bereit, den Hühnern jeden Tag Futter und Wasser zu geben, wenn sie im Gegenzug dafür frische Eier bekommen. Können Sie nicht auf Nachbarn oder Freunde zurückgreifen, setzen Sie eine Anzeige in die Lokalzeitung oder machen Sie einen Aushang. In Tierhandlungen kennt man vielleicht auch jemanden, der die Tiere in Ihrer Abwesenheit versorgen oder aufnehmen kann. Gibt man die Tiere in Pflege, ist Vorsicht geboten – befindet sich noch anderes Geflügel dort, können sich die Hühner Krankheiten einfangen.

Am Tag vor der Abreise sollte man den Stall noch einmal gründlich säubern, prüfen, ob genügend Futter, Grit und Snacks vorhanden sind, und überlegen, ob man demjenigen, der auf die Hühner aufpasst, auch alles Wichtige mitgeteilt hat. Damit die Hühner sich nicht so schnell langweilen, weil sie nicht hinaus dürfen, sollte man zu ihrer Beschäftigung unbedingt ein paar Leckerbissen und Spielzeug aufhängen.

Zu empfehlen ist auch, dem Hühner-Sitter eine Checkliste mit den wichtigsten Infos und für alle Fälle die Telefonnummer des Tierarztes dazulassen.

CHECKLISTE FÜR DEN HÜHNER-SITTER

Vergessen Sie nicht, ihm eine Telefonnummer zu hinterlassen, unter der Sie im Notfall zu erreichen sind!

Zudem

- sollte er wissen, wo das Hühnerfutter aufbewahrt wird.
- sollte er die Routine der Hühner kennen.
- sollten Sie ihm einschärfen, dass er die Hühner nicht unbeaufsichtigt draußen herumlaufen lassen darf.

RECHTS: Eine neugierige englische Magpie-Hybride.

Haltung und Pflege

Wöchentlich anfallende Arbeiten

Einmal pro Woche sollte man den Stall gründlich reinigen, d. h., die Einstreu entfernen, den Kot von den Sitzstangen kratzen, nach Roten Vogelmilben Ausschau halten, und wenn keine gefunden werden, den Stall ein bis zwei Stunden gründlich durchlüften. Achten Sie dabei darauf, dass die Hühnerklappe zu ist, denn die Mädels werden keine Gelegenheit ungenutzt lassen, um zu entwischen! An einem besonders schönen Tag lüftete ich einmal eines meiner großen Legehäuser mit 50 Hühnern und vergaß dabei, die Hühnerklappe zu schließen – mit dem Resultat, dass ich 50 Hühner wieder einfangen durfte. Zu meinem Glück kamen sie sofort angerannt, als ich mit einem Futtereimer klapperte und folgten mir wie dem Rattenfänger von Hameln zurück in den Stall.

Nach dem Lüften werden die Sitzstangen wieder eingesetzt und neue Einstreu ausgebracht, in den heißen Monaten vorsorglich auch ein Milbenmittel versprüht. Denken Sie daran, die Hühnerklappe wieder zu öffnen. Die Tränke muss desinfiziert werden, da sie bei warmem Wetter schnell veralgt. In einem fest eingezäunten Freigehege sollte die Erde mit dem Rechen glatt gezogen und, falls möglich, ein neuer Baumstamm oder Ähnliches hineingelegt werden, um den Hühnern etwas Abwechslung zu bieten (s. S. 38). Ein mobiler Auslauf wird einfach versetzt, am besten, wenn die Tiere im Stall sind. Der Zaun sollte auf Anzeichen von Verschleiß oder Eindringlinge hin untersucht werden. Nun noch das Futter auffüllen, dann ist die Arbeit schon fast getan. Man sollte regelmäßig sein Futter- und Einstreu-Lager in Augenschein nehmen, denn diese Vorsichtsmaßnahme wird meist vergessen, bis einem eines Tages angenagte Futterbehälter und Kothäufchen ins Auge stechen. Räumen Sie das Lager aus und untersuchen Sie es gründlich, heben Sie die Einstreu hoch und schauen Sie sich nach Anzeichen unliebsamer Nager um. Finden Sie welche, bleibt Ihnen nichts übrig, als Köder auszulegen, Fallen aufzustellen oder den Kammerjäger zu rufen (s. S. 87)! Und dann, ja dann können Sie alle Arbeitsgeräte weglegen, sich eine schöne Tasse Tee gönnen und es genießen, wie sich Ihre Hühner an ihrem sauberen Stall erfreuen. Ich weiß, wir leben in einer geschäftigen Welt, aber ich kann gar nicht genug betonen, wie viel Freude Ihnen Ihre Hühner bereiten werden, wenn Sie sich etwas Zeit für sie nehmen. Probieren Sie's einfach, Sie werden nicht enttäuscht sein – das ist viel besser als Fernsehen, und zudem lässt sich so leicht feststellen, ob die Hühner gesund sind.

Hat Ihr Stall einen Holzboden, kaufen Sie ein Stück billiges Linoleum und schneiden zwei gleich große Stücke für den Boden aus. Zum Säubern des Stalles können Sie dann das verdreckte Stück einfach herausnehmen und das zweite Stück hineinlegen, bis das erste gereinigt und getrocknet ist. Mit einer Spachtel lässt sich der Hühnerkot gut abkratzen.

REGELMÄSSIGE PFLICHTEN

EINMAL PRO WOCHE
Gründliche Reinigung; überprüfen auf Rote Vogelmilben und Anzeichen für Nager/Raubtiere; prüfen, ob Tränken sauber sind.

EINMAL IM MONAT
Bei gutem Wetter Stall reinigen, desinfizieren, lüften und auf Rote Vogelmilben untersuchen; Tränken desinfizieren; falls nötig, Hühner entwurmen.

EINMAL IM JAHR
Den Stall mit Holzschutzmittel streichen; Freigehege, Stall, Tür- und Fensterangeln, Schlösser, etc. gründlich inspizieren und eventuell ausbessern.

OBEN LINKS: Junge gelbe Orpington-Hühner inspizieren zu ihrer Unterhaltung aufgehängte Brombeeren. UNTEN LINKS: Das natürliche Wurmmittel Verm-X ist sicher und leicht zu verabreichen. AUSSEN RECHTS: Meine Tochter trocknet selbst gezogenen Lavendel und füllt ihn in Säckchen; diese hängt sie in die Ställe, damit es dort gut riecht und sich die Hühner besser entspannen können.

Verm-X
Natural Control of Internal Parasites

Monatlich anfallende Arbeiten

Am ersten Tag im Monat ist auf dem Hof immer viel zu tun. Dann sind nämlich Großputz, Gesundheitschecks und Wurmkur angesagt. Auch wenn sich dies nach viel Arbeit anhört, ist es doch ein echtes Vergnügen. Nach all den Jahren, in denen ich diese Routinearbeiten erledige, gibt es mir immer noch ein Hochgefühl, wenn alles geschafft ist. Und gut schlafen kann ich hinterher auch.

Haben Sie einen mobilen Hühnerstall, müssen Sie ihn an einem neuen Platz aufstellen und nicht vergessen, die Hühner derweil im Stall einzuschließen. Desinfizieren Sie Tränke und Futterspender, füllen Sie beides neu auf und stellen Sie die Gefäße wieder in den Auslauf. Wenn Sie wie ich die Wurmkur über das Futter verabreichen, geben Sie die entsprechende Dosis hinein. Danach nehmen Sie jedes Huhn hoch und untersuchen es sorgfältig: Hat es Milben oder Verletzungen? Wie sieht das Gefieder aus? Ist der Kamm gut ausgebildet und schön rot? Sind die Läufe heil und glatt? Stimmt das Gewicht?

Wenn Sie eine solche Bestandsaufnahme regelmäßig machen, wissen Sie bald, wie es Ihren Hühner geht und was ihnen gut tut. Bestäuben Sie sie mit Antimilbenmittel, bevor Sie sie wieder in den Auslauf setzen, und vergewissern Sie sich, dass es keine Probleme gibt.

Die Hühner werden sich nun mit Freuden ihrem Frühstück widmen, also sollten Sie inzwischen die Einstreu aus dem Stall entfernen und auf Anzeichen für Rote Vogelmilben überprüfen. Bei trockenem, sonnigem Wetter sprühen Sie im Stall Antimilbenmittel und lassen ihn zum Trocknen gründlich auslüften. Verteilen Sie nach dem Trocknen Kieselerde (s. S. 125) und frische Einstreu. Öffnen Sie die Hühnerklappe und überprüfen Sie alle Scharniere und Schlösser; sollten diese rostig sein, fetten Sie sie ein. Prüfen Sie, ob die Umzäunung des Auslaufs fest ist und achten Sie darauf, ob es im Stall Spuren von Nagern gibt, besonders wenn er ebenerdig steht. Gehen Sie alle Probleme sofort an – wenn Sie etwas auf morgen verschieben, könnten Sie Ihre Mädels womöglich verlieren!

Haben Sie einen festen Auslauf, sollten Sie ihn gründlich durchharken, alle groben Verschmutzungen entfernen und anschließend ein Desinfektionsmittel versprühen. Ist der Untergrund sehr nass, können Sie Rindenmulch verteilen, dann fühlen sich die Hühner wohler. Sie haben zwar nichts dagegen, im Matsch herumzulaufen, doch treten sie sich leider nicht die Füße ab, bevor sie in den Stall gehen – und das bedeutet mehr Putzarbeit für Sie. Rindenmulch ist nicht teuer und wird gern akzeptiert; die Hühner können genauso scharren und stöbern wie zuvor. Denken Sie auch an ein paar Extras zur Unterhaltung (s. S. 38). Ist ein Staubbad vorhanden, füllen Sie es auf und geben ein Antimilbenmittel hinein. Zum Schluss desinfizieren Sie alle benutzten Werkzeuge und räumen sie weg, wobei Sie auch ihre Lagerräume auf Nagerspuren untersuchen.

KANN ICH MEINE HÜHNER BADEN?

Grundsätzlich ja, aber Hühner halten sich normalerweise selbst sauber. Wer sie auf Geflügelschauen zeigen will, badet sie meist vorher. Wollen Sie ein Huhn waschen, halten Sie zwei Schüsseln mit warmem Wasser bereit. Setzen Sie das Tier in die eine, machen Sie es gründlich nass und waschen Sie es mit etwas Babyshampoo. Gehen Sie ruhig vor und reden Sie sanft mit ihm. Am besten, Sie halten es mit einer Hand fest und waschen es mit der anderen – das braucht etwas Übung, und wenn Sie die Flügel nicht festhalten, werden Sie selbst ziemlich nass. Spülen Sie Ihr Huhn gründlich ab und trocknen Sie es mit einem Handtuch oder fönen Sie es auf niedrigster Stufe in Wuchsrichtung der Federn trocken. Hühner mit harten Federn trocknen am besten an der Luft. Noch einmal: Man badet Hühner eigentlich nur vor einer Geflügelschau. Wenn Sie Ihre Hühner »nur so« baden, kann der Stress die Legeleistung mindern.

RECHTS: Ein Holländisches Haubenhuhn wird nach dem Bad trockengeföhnt.

LINKS: Hängt man den Futterspender im Auslauf auf, verstreuen die Hühner weniger Futter und es werden weniger Schädlinge angelockt.

Schädlinge

Irgendwo in unserer Nähe ist immer eine Ratte, sagt man. Ratten und Mäuse können für die Hühnerhaltung ein Problem darstellen, jedoch nur, wenn man das Hühnerfutter nicht sorgfältig verstaut und Futterreste nicht rasch entfernt. Die Futtermittel locken die Nager an, nicht die Hühner. Unrat oder Holzstapel neben dem Hühnerstall bieten den perfekten Unterschlupf. Halten Sie die Umgebung des Stalls darum ordentlich und bewahren Sie das Futter in Metalleimern auf, um unliebsame Überraschungen zu vermeiden. Als Hühnerhalter sollten Sie Nager bekämpfen, und da sich diese rasant vermehren, ist dies oft eine Sisyphusaufgabe. Zur Bekämpfung kommen Fallen (entweder Lebendfallen, die die Tiere auf humane Weise fangen, oder Schlagfallen, die die Tiere töten), Giftköder oder Menschen wie Harry, mein Kammerjäger, in Frage!

Fallen kann man in vielen Baumärkten, Tierbedarfs- und Haushaltswarenläden oder über das Internet kaufen. Halten Sie sich genau an die Anleitung. Wenn Sie Lebendfallen aufstellen, sollten Sie sich vorher überlegen, wie sie gefangene Schädlinge töten wollen. Dies muss auf humane Weise erfolgen, beispielsweise durch einen gezielten Schlag auf den Kopf (was leichter gesagt ist als getan). Ertränken widerspricht dem Tierschutzgesetz. Schlagfallen arbeiten sehr effektiv, doch müssen Sie sie mit Bedacht aufstellen, denn Sie wollen ja weder Vögel noch Katzen oder Hunde oder gar das Meerschweinchen Ihres Kindes darin fangen.

Sie sollten die Fallen dort installieren, wo die Ratten sichtbar aktiv waren. Diese sind sehr misstrauisch gegenüber Neuem; reiben Sie also die Fallen mit Einstreu aus dem Stall oder Kompost ein oder lassen Sie sie ein paar Tage draußen stehen. Stellen Sie Rattenfallen nicht draußen auf, denn die Tiere unternehmen ihre Streifzüge eher an geschützten Plätzen.

Es gibt viele unterschiedliche Giftköder auf dem Markt, und ich habe die meisten davon ausprobiert. Sie wirken sehr schnell (innerhalb von einem bis vier Tagen), stellen aber auch für andere Tiere ein Risiko dar. Zudem lässt sich nicht vorhersagen, wo die Ratte verenden wird – es könnte auch unter dem Fußboden Ihres Hauses sein. Giftköder müssen sehr vorsichtig angewandt werden. Halten Sie sich unbedingt genauestens an die Anleitung auf der Packung.

Entsorgen Sie die toten Ratten am besten über eine Tierkörperbeseitigungsanstalt. Tragen Sie beim Umgang mit den Tieren stets Handschuhe, denn auch tote Nagetiere können für den Menschen Gesundheitsrisiken bergen.

Bei mir kümmert sich mein Kammerjäger Harry um die Schädlingsbekämpfung auf meinem Hof. Sein Wissen und seine Ausrüstung sind ein echtes Gottesgeschenk – ich wünschte, ich hätte ihn schon viel eher gefunden! Die Arbeit einem örtlichen Schädlingsbekämpfer zu überlassen, lohnt sich vielleicht mehr, als erst Fallen und Köder zu kaufen, sie dann mühsam aufzustellen, abzuwarten und womöglich versehentlich ein paar Vögel damit zu erwischen.

OBEN: Rund um den Auslauf gelegte Betonplatten hindern Räuber daran, sich durchzugraben.

Räuberische Tiere

Reineke Fuchs sowie Dachs, Marder und Hunde können sich immer wieder als Problem herausstellen. Die wichtigste Aufgabe für mich als Hühnerhalter besteht darin, Stall und Auslauf einbruchsicher zu machen. Man kann zwar den Boden des Auslaufs einfach mit Maschendraht versehen, doch können die Hühner dann nicht mehr so gut scharren, was ich persönlich nicht gut finde. Bei einem transportablen Auslauf kann man die Ränder mit Maschendraht umgeben, den man mit Heringen im Boden befestigt. Auch bei einem festen Auslauf hat sich diese Maßnahme bewährt. Betonplatten (siehe Abbildung) sind eine sehr gute Sache, weil sie verhindern, dass sich Raubtiere unter dem Zaun durchgraben; gleichzeitig kann man auf ihnen trockenen Fußes die Umzäunung kontrollieren.

Menschenhaar soll räuberische Tiere abschrecken – Friseure geben meist gern Haare ab. Sie können sie in eine alte Strumpfhose stopfen und am Auslauf aufhängen. Männerurin soll auf Füchse abschreckend wirken – vielleicht ermuntern Sie männliche Familienmitglieder, rund um den Stall und Auslauf zu pinkeln? Ein befreundeter Wildhüter sagte mir allerdings, dass dies schon lange nicht mehr hundertprozentig funktioniert. Inzwischen assoziieren Füchse den Geruch mit Nahrung, besonders in der Stadt. Wenn sich in Ihrer Nähe ein Zoo befindet, können Sie sich vielleicht etwas Löwendung besorgen, auch der soll Wunder wirken! Zudem gibt es verschiedene Produkte zur Abschreckung von Füchsen auf dem Markt, die mit Licht und/oder Ultraschall arbeiten.

Auch wenn Sie glauben, Stall und Auslauf seien raubwildsicher und auch andere diebische Tiere wie Ratten oder Elster könnten nicht hinein, sollten Sie hin und wieder Ihren Tagesablauf verändern. Lassen Sie die Hühner später nach draußen oder holen Sie sie früher in den Stall. Lassen Sie hin und wieder ein Radio laufen, stellen Sie eine Solar-Gartenleuchte neben den Stall oder hängen Sie klappernde Dosen an den Zaun – Veränderungen halten beispielsweise den Fuchs auf Abstand.

Elektrozäune (s. S. 27) werden von vielen Hühnerhaltern verwendet, auch von mir. Ihre Wirkung ist unübertroffen – aber man muss sie gut in Schuss halten. Damit ein Elektrozaun richtig funktioniert, muss er korrekt und den Herstellerangaben entsprechend aufgebaut werden. Direkt unter dem Zaun darf sich nichts befinden, das ihn erden und damit unwirksam machen könnte. Das Gras sollte deshalb rundherum regelmäßig geschnitten und entfernt werden; außerdem müssen Sie jeden Tag nachsehen, ob etwas auf den Draht gefallen ist. Ich überprüfe meine Elektrozäune täglich mit einem Spannungsprüfer, um sicherzugehen, dass genug Strom hindurchfließt. Ist das der Fall, schreckt solch ein Zaun Räuber wirksam ab.

Die meisten Fehler sind leicht zu beheben, aber sobald es ein Problem gibt, sind Ihre Hühner in Gefahr. Ich halte schon seit Jahren Hühner und habe schon manche Katastrophe erlebt (meist durch den Fuchs) – mal infolge eigener Dummheit, mal aufgrund der Hartnäckigkeit des Fuchses. Einmal trank ich gerade meine morgendliche Tasse Tee und betrachtete dabei meine 45 tollen gelben Orpington-Junghennen, die sich fantastisch entwickelten. Ich war so stolz darauf, sie selbst aufgezogen zu haben, und weil ich bei ihnen war, hatte ich den Elektrozaun abgestellt. Da saß ich also glücklich und beobachtete sie, als das Telefon klingelte. Ich ließ sie für

20 Minuten allein, während ich mit einer Kundin sprach, und befand mich nur etwa 40 Meter von ihnen entfernt im Büro in der Scheune, sodass ich sie nicht sehen konnte. Die Kundin fragte mich nach meinen Vögeln, und als das Gespräch beendet war und ich wieder hinausging, merkte ich, dass etwas nicht stimmte.

Ein Fuchs war über den Zaun gesprungen und hatte alle bis auf zwei Hühner getötet, die ich aufgrund ihrer schweren Verletzungen ebenfalls töten musste. Ich glaube wirklich, dass er mich beobachtet und die sich ihm bietende Gelegenheit genutzt hatte. Lassen Sie Ihre Hühner also niemals unbeaufsichtigt, denn in diesen Momenten passiert das Unglück.

Bei einer anderen Gelegenheit hatte ich entdeckt, dass rund um den Käfig meiner Brahmas gegraben worden war. Ich wollte es mir gerade näher ansehen, als mich meine Kinder ablenkten; danach hatte ich die Sache vergessen. Leider bezahlten meine Hühner dafür in jener Nacht mit ihrem Leben. Ich hätte nur schnell den Zaun am Boden fixieren müssen, dann wäre nichts passiert.

Wie auch immer Sie zu den Füchsen stehen: Sie sind dafür verantwortlich, Ihre Mädels zu beschützen. Es ist keine gute Idee, Füchse im Garten zu füttern, wenn man Hühner hat (genau das tun einige meiner Kunden), denn damit beschwört man nur Unheil herauf. Ein Fuchs hat den Instinkt zu jagen und zu töten, selbst wenn er satt ist.

Und noch eines: Sie können ihren Stall und Auslauf noch so fuchssicher machen und noch so viele Abschreckungsmittel einsetzen – wenn Sie vergessen, die Tür zu schließen, haben Sie verloren. Das mag sich dumm anhören, doch es passiert immer wieder. Ich erinnere mich noch, wie eines Morgens meine drei Mitarbeiter auf mich zueilten. Das war ungewöhnlich, denn normalerweise bewegen sich die Männer nicht so schnell! »Komm schnell«, sagten sie, und als ich die Einfahrt herunterlief, um nachzusehen, kam mir eine Kundin entgegen. Sie weinte und erzählte mir, dass sie ihren Hühnerstall nicht richtig verschlossen und all ihre Hühner an den Fuchs verloren hatte.

Auch Dachse töten Hühner. Sie sind viel stärker als Füchse und können furchtbare Massaker anrichten.

Anstehende Arbeiten rund ums Jahr

ARBEITEN – JE NACH JAHRESZEIT

FRÜHLING
- Auslauf und Stall ausbessern und warten
- Auslauf neu einsäen, wenn nötig
- Spuren von Nagetieren suchen

SOMMER
- Milben suchen
- Für Schatten sorgen
- Citronella versprühen, Fliegenfänger aufhängen
- Beeren sammeln und für Herbst und Winter einfrieren

FRÜHLING

Im Frühling wird das Wetter freundlicher und der Garten erwacht wieder zum Leben. Für mich ist dies eine ganz besondere Zeit. Der harte Winter liegt hinter uns, und ein paar Monate mit (hoffentlich) gutem Wetter liegen vor uns. Auf dem Hof ist nun viel zu tun, der Vorfrühling ist die Zeit des Zäuneflickens und Aufräumens. Bei aufgetautem Boden ist nun – zumindest, wenn kein Frost mehr zu erwarten ist – Gelegenheit, den Auslauf zu pflegen und ggf. neu anzusäen.

Die Hühner zieht es nun mit aller Macht nach draußen. Kontrollieren Sie den Stall auf Milben und Beschädigungen und beheben Sie Probleme. Zu dieser Zeit beginnen auch die Schädlinge mit der Fortpflanzung; entfernen Sie also allen Schmutz, der sich als Brutstätte eignet. Jetzt kommen die Fuchswelpen zur Welt und gehen schon bald selbst auf die Jagd. Nach meinen Erfahrungen sind Füchse gegen Ende des Frühlings besonders aufdringlich. Dann werden die Jungtiere entwöhnt, sie können sich in der freien Natur aber noch nicht gut selbst versorgen.

SOMMER

Im Sommer sind die Tage herrlich warm und lang, das Leben ist einfach wunderbar und man könnte sich gut vorstellen, das einfach faul zu genießen. Leider aber ist diese Zeit auch ideal für Milben, um sich zu vermehren – und das tun sie sehr schnell, wenn man sie nicht konsequent in Schach hält. Sommerliche Regenschauer sorgen manchmal für warmfeuchte Bedingungen, die ideal für Krankheitserreger sind. Das Wetter müssen wir so nehmen, wie es kommt, aber regelmäßig ausgeführte Arbeiten und ein paar Tricks machen das Leben leichter.

Suchen Sie nach Milben. Finden Sie welche, dann behandeln Sie sie gründlich und sofort (s.S. 124). Reinigen Sie die Tränken regelmäßig, denn es bilden sich schnell Algen. Wenn Sie das Wasser selbst nicht trinken würden, dann wechseln Sie es aus! Sorgen Sie für ausreichend Schatten; Hühner können einen Hitzschlag erleiden und trocknen sehr schnell aus (s.S. 130). Wenn Sie kleine Wasserflaschen über Nacht einfrieren und dann in den Auslauf legen, können sich die Hühner darauf setzen und abkühlen (manche lieben das, andere nicht). Manche Hühner finden es herrlich, mit Wasser angesprüht zu werden.

Eine im Stall versprühte Lösung mit Citronella-Öl schreckt Fliegen wirksam ab. Fliegenfänger, die man in die Nähe der Hühner, aber für diese unerreichbar, aufhängt, leisten ebenfalls gute Dienste. Achten Sie darauf, Ihre Mädels regelmäßig zu entwurmen. Gegen Ende des Sommers und im Frühherbst machen die meisten Hühner ihre jährliche Mauser durch, bei der sie ihr Federkleid erneuern. Bei seiner ersten Mauser verliert ein Huhn womöglich nur ein paar Federn, doch spätere Mauserphasen können für einen Hühnerneuling wegen des massiven Federverlusts ziemlich erschreckend sein. Rassehühner stellen in dieser Zeit das Eierlegen ein oder legen weniger; Hybridhühner legen je nach Alter möglicherweise weiter. Die jährliche Mauser kann bis zu acht Wochen dauern. Legt eine

Henne trotz Mauser weiter Eier, kostet sie das sehr viel Energie. Es braucht schon viel Nährstoffe, um gesund zu bleiben, Eier zu legen und auch noch neue Federn zu bilden. Ein Stärkungsmittel (Mauserhilfe) kann dem Tier dabei helfen. Federn bestehen aus Keratin, einem faserigen Protein, daher ist es hilfreich, dem Futter Eiweiß zuzusetzen. Ersetzt man das Legehennen-Alleinfutter durch Mais, hält sie das vielleicht, aber nicht immer vom Eierlegen ab.

Eine täglich frisch zusammengestellte Mischung aus Haferflocken, Algen, Lebertran, Knoblauch und Stärkungsmittel mit ein wenig Wasser wirkt Wunder, wenn man die Hühner damit im Spätsommer und Herbst am frühen Nachmittag füttert. Wenn Sie wilde Beeren sammeln, freuen sich die Hühner über ein paar davon. Frieren Sie einige Beeren mit Wasser in einer Eiswürfelform ein und werfen Sie an heißen, sonnigen Tagen je eine oder zwei Würfel in den Auslauf. Sollten Sie viele Beeren finden, frieren Sie einen Teil davon ein und in den trüben Wintermonaten verfüttern. Die Hühner werden Sie dafür lieben – achten Sie nur darauf, dass die Beeren ganz aufgetaut sind.

OBEN: Gesammelte Brombeeren, die man einfriert, dienen das ganze Jahr als Leckerbissen.

HERBST

Manche Hühner beginnen nun mit ihrer jährlichen Mauser, andere sind damit wahrscheinlich schon fertig (s. S. 114). Gut, wenn man jetzt alle Zäune und Ausläufe auf Beschädigungen untersucht und ggf. ausbessert. Solche Arbeiten erledigt man nicht gern im Winter, wenn die Tage kurz und kalt sind.

Ihre Mädels haben nun vielleicht aufgehört zu legen oder legen nur noch hin und wieder ein Ei. Das ist für ältere Hennen und Rassehühner ganz normal. Wenn nicht gerade eine dramatische Wetterveränderung eintritt, sollten im Frühling geschlüpfte Hybridhühner allerdings weiterlegen. So mancher Geflügelhalter schafft sich in dieser Jahreszeit einige Junghühner an, um sie den Winter über einzugewöhnen.

Kommerzielle Hühnerhalter benutzen künstliches Licht in den Ausläufen, um morgens und abends ein paar aktive Stunden mehr herauszuholen, doch ich denke, dass meine Mädels die von der Natur vorgesehene Pause verdient haben. Wenn die Blätter fallen, bringen Sie doch ein paar Haufen Laub in den Auslauf. So haben die Mädels wieder etwas zum Scharren, und Sie können jederzeit Nachschub holen, denn Blätter gibt's umsonst. Ein sonniger Tag ist ideal, um den Stall gründlich mit Desinfektionsmittel auszuwaschen, doch muss er unbedingt am Abend wieder trocken sein.

Wenn Ihnen ein Ausweichquartier zur Verfügung steht, etwa ein Spielhaus, die Garage oder sogar das Gewächshaus, und sie es mit Einstreu versehen, besteht die Möglichkeit, den Hühnerstall mit Holzschutzmittel zu behandeln. Diese Maßnahme ist sehr nützlich. Achten Sie auch darauf, dass das Dach dicht ist. Ist der Stall wieder ganz trocken und gut ausgelüftet, können die Hühner für den Winter wieder einziehen.

WINTER

Auch im Winter müssen Sie die Umzäunung des Auslaufs ständig kontrollieren, denn wenn es kälter wird, suchen Raubtiere verstärkt nach Beute und nutzen jede Gelegenheit, an die Hühner zu kommen. Scharniere und Verschlüsse sollten eingefettet werden – nichts ist unangenehmer, als bei Eis und Schnee ein eingefrorenes Scharnier reparieren zu müssen. Auf Nagetiere sollten Sie besonders achten, denn diese suchen jetzt eifrig nach herabgefallenem Futter und Unterschlupf (s. S. 87).

Viele behalten ihre Hühner über den Winter an einem Platz und sorgen dort für Witterungs- und Windschutz, um es den Tieren behaglicher zu machen. Wollen Sie das ebenfalls so halten, bestreuen Sie die übrige Fläche mit Kalk. Das senkt den Säuregehalt des Bodens und soll gegen Endoparasiten wie Würmer helfen.

Wenn Sie Ihren Auslauf mit einer Abdeckung versehen, sollte sie sich bei gutem Wetter problemlos entfernen lassen. Bei Schnee sollte man eine Plane über den Auslauf ziehen. So lässt sich der Schnee am Morgen entfernen, Auslauf und Überdachung bleiben schneefrei. So manches Auslaufdach ist schon unter der Schneelast zusammengebrochen. Bei extremen Wetterverhältnissen mit eisigen Temperaturen sollten Sie Kehllappen und Kämme Ihrer Hühner mit Vaseline einreiben, um Erfrierungen zu vermeiden (s. S. 130). Bei Frost müssen Sie regelmäßig die Tränke kontrollieren. Nach meiner Erfahrung ist es hilfreich, hängende Wasserspender durch flache Schalen zu ersetzen, die sich leichter vom Eis befreien und nachfüllen lassen. Eine warme Mahlzeit wird von den Hühnern mit Begeisterung akzeptiert, und Sie fühlen sich dann besser, wenn Sie sie draußen zu lassen. Bereiten Sie täglich eine Mischung aus gekochten Kartoffelschalen, Kleie, Hafer und Lebertran frisch zu.

Sollte es über längere Zeit frieren, ist es hilfreich, alte Einstreu nicht zu entfernen, sondern die frische einfach obenauf zu streuen, sodass der Boden mit einer dickeren Isolierschicht versehen ist. Verfahren Sie so, bis es wieder wärmer wird. In der alten Einstreu entsteht Wärme, die aufsteigt und die Hennen wärmt. Ist die Kälte dann vorbei, heißt es, gründlich sauberzumachen. Viele Landwirte und Hobbyhalter halten so ihre Tiere warm.

HERBST

- Auf Milbenbefall achten
- Mauserhilfe geben
- Gegebenenfalls den Tag mit Kunstlicht verlängern (steigert die Legeleistung)
- Auslauf und Stall auf Schäden untersuchen
- Laub im Auslauf verstreuen
- Stall gründlich reinigen und ggf. mit Holzschutzmittel behandeln

WINTER

- Für Wind- und Wetterschutz sorgen
- Auslauf bei extremer Witterung mit einer Plane abdecken und täglich den Schnee entfernen
- Bei Frost häufig neues Wasser geben
- Jetzt besonders auf Raubtiere achten, da diese nun wenig Nahrung in der Natur finden
- Stärkungsmittel geben
- Einige Tage lang Bierhefe geben, um fehlendes Sonnenlicht auszugleichen

RECHTS: Aufgehängtes Grünzeug sorgt für Abwechslung und Bewegung.

So verhalten sich Hühner

Wenn Sie erst einmal Hühner bei sich aufgenommen haben, wird es Ihnen schwerfallen, sie nicht als Familienmitglieder zu betrachten. Ihr Verhalten ist unserem gar nicht so unähnlich – allerdings scharren wir nicht nach Krabbeltieren. Jede Hennenschar hat eine Leithenne, die das Kommando hat. Diese frisst zuerst, beansprucht alles Fressbare für sich und hat nachts den besten Platz auf der Stange. Sie handelt auch im Interesse ihrer Artgenossinnen. Wenn es darauf ankommt, wird die Gruppe als solche zusammenarbeiten. Es tut einem schon leid mitanzusehen, wie die unterste Henne in der Rangordnung alles zuletzt bekommt oder begehrlich den Wurm anschaut, den sie nicht bekommen wird. Doch wenn ein Huhn erst einmal seinen Platz in der Hühnerschar gefunden haben, kommt es damit gut klar. In einem Trupp aus lauter Alphahühnern wäre das Leben stressig und unglücklich. Die Natur hält deshalb eine andere Lösung parat.

Scharren, Staubbäder nehmen und Gefiederpflege sind normale Verhaltensweisen, mit denen Hühner gern den Tag verbringen. Sie streiten und schimpfen auch miteinander und gehen bei Gelegenheit gern auf Streifzüge. Manche Leute sagen, Hühner wären dumm, doch das sind sie keineswegs. Sie wissen beispielsweise sehr genau, wo sie entschlüpfen können, wo das Gemüsebeet ist und wann es notwendig ist, zu gackern und nett zu gucken, um einen Leckerbissen zu ergattern. Hühner sind außerdem sehr gut darin, Gefahren zu erkennen; in diesem Fall stoßen sie Warnlaute aus. Flugzeuge lassen sie erschreckt in Deckung flüchten.

Ein Ei zu legen, gehört zu den aufregenderen Dingen im Tagesablauf eines Huhnes und löst, wenn es geschafft ist, stets großes Gegacker aus, das mich immer zum Lächeln bringt. Wenn man seine Hühner beobachtet, vergeht die Zeit wie im Fluge, ihre Kapriolen sind einfach zu komisch.

Die Augen der Hühner sind auf Nahsicht eingestellt, um Körner und kleine Gegenstände zu identifizieren. Auch ihre Fernsicht ist gut, allerdings hapert es am räumlichen Sehvermögen, deshalb muss ein Gegenstand immer abwechselnd mit dem rechten und dem linken Auge angesehen werden. Auch Farben erkennen sie sehr gut, im Dunkeln sind sie dagegen fast blind. Dämmerung oder Abend sind also die beste Zeit, um Hühner zu fangen und medizinisch zu versorgen. Die Tiere haben die besondere Fähigkeit, Vibrationen des Bodens wahrzunehmen, und können so sich anschleichende Hühnerdiebe leichter erkennen. Versuchen Sie einmal, sich Ihrem Hühnerstall im Dunkeln schweigend nähern: Sie werden sofort das warnende Gackern der Insassen hören, die Ihr Kommen wahrnehmen.

REDEWENDUNGEN

Verschiedene geflügelte Worte haben mit Hühnern zu tun, etwa:

- Jemandem die Flügel stutzen
- Hackordnung
- Jemanden unter seine Fittiche nehmen
- Eitler Gockel
- Wie eine Glucke
- Wie ein kopfloses Huhn
- Wie aufgescheuchte Hühner
- Ungelegte Eier

RECHTS: Diese Hennen genießen ein Staubbad, das ihr Gefieder pflegt.

Kühe, Schweine und Hühner zu beobachten, hilft einem Schauspieler, eine bestimmte Rolle zu entwickeln. – James Dean

UNTERWERFUNGS-GESTEN

Ein Huhn, das sich unterwirft, kauert sich nieder und zieht sich möglichst schnell aus der Situation zurück. Problematisch ist es, wenn sich zwei Hennen für die Nummer Eins halten und nicht klein beigeben wollen oder (was häufiger ist) eine Henne aus Langeweile immer wieder Unterwerfungsgesten ignoriert und andere tyrannisiert. Unter artgerechten Haltungsbedingungen kommt dies aber sehr selten vor.

LINKS: Ein Holländischer Haubenhahn flattert auf ein Gartentor.

Hühner haben ein sehr gutes Gehör. Ihr großes Repertoire an Lautäußerungen reicht von Warnrufen bis hin zu wohligem Glucksen. Hennen mit ihren Küken zu beobachten, ist eine Wonne, denn die Mutter bringt den Kleinen »wortreich« bei, was sie fressen und wo sie scharren sollen.

Sollten Sie einen Hahn in ihrer Hühnerschar haben, wird Ihnen auffallen, dass er andere Laute von sich gibt, vom Krähen (was soviel bedeutet wie »seht her, hier bin ich«) bis zu einem sonoren Kollern, wenn er einen besonderen Leckerbissen findet.

Hühner entwickeln ihre eigenen Gewohnheiten. Lässt man sie am Morgen hinaus, sind sie voller Leben und bestrebt, Wasser und Futter zu suchen. Anschließend verbringen sie ihren Tag, indem sie hier und dort nach einem Leckerbissen suchen, Staubbäder nehmen oder ihr Gefieder putzen. Ab und zu gibt es Streit, etwa wenn eine Henne einen Käfer findet und ihn nicht schnell genug verspeist. Fühlen sich die Damen in der Gruppe wohl, halten sie des Öfteren auch ein Schläfchen. Wenn Sie ihnen nachmittags ihre Leckerbissen geben, werden sie wieder aktiv. Während sie sich für die kommende Nacht die Kröpfe füllen, kann man beobachten, dass die rangniederen Hennen zuerst die Schlafstange aufsuchen, um einen der besten Plätze zu ergattern – den sie dann allerdings wieder räumen müssen, wenn die ranghöheren Hennen hereinkommen. Hühner schlafen nur, wenn es absolut dunkel und still ist; beim kleinsten Geräusch und der geringsten Erschütterung wachen sie auf.

Ein Huhn hackt manchmal nach einem anderen, nur um zu zeigen, wer der Stärkere ist. Manchmal gibt es Probleme, wenn zu wenige Hühner in der Gruppe sind. Eine Kundin ruft mich immer wieder an und berichtet, dass von ihren zwei Hennen nur eine Schnabelhiebe abbekommt. Ich erkläre ihr dann, was es mit der Hackordnung auf sich hat und wie schwer es für nur zwei Hühner ist, diese auszufechten. Am besten hält man mindestens drei Hühner. Ein zusätzliches Huhn verursacht kaum mehr Arbeit oder Kosten, führt aber zu anderen Verhaltensweisen.

Manche Hühnerrassen können besser fliegen als andere, doch ihr »Fliegen« ist immer nur ein flatterndes Springen oder ein Gleitflug. Der längste dokumentierte Flug eines Huhns dauerte dreizehn Sekunden. Ausdauer sieht anders aus.

Glucken

Eine Glucke ist eine Henne, die Küken haben will. Die Hennen mancher Rassen sind besonders gute Mütter, etwa New Hampshire und Seidenhühner. Hybridhühner haben eher selten Mutterinstinkte, weil sie auf Legeleistung gezüchtet wurden, doch ist es auch nicht ausgeschlossen.

Oft rufen mich Kunden wegen ihrer Glucken an, worüber ich immer schmunzeln muss. Zwar ist *Tyrannosaurus rex* ein entfernter Verwandter des Huhns, doch hat letzteres keine Zähne und kann Menschen bei richtigem Umgang nicht verletzen. Dennoch scheinen manche Hühnerhalter eher von einem tollwütigen Hund zu erzählen als von einer brütenden Henne, die ihr Nest schützen will. Ja, natürlich sind Glucken launenhaft und angriffslustig, aber für dieses Verhalten sollte sie man bewundern, nicht fürchten.

Eine Glucke sitzt auf ihrem Gelege und bewegt sich nicht. Ihre Brust ist sehr warm; womöglich hat sie sich zur Polsterung des Nestes gar ein paar Federn ausgerupft. Nähert man sich ihr, plustert sie sich auf, um größer zu erscheinen, gibt ein warnendes Knurren von sich und hackt dann zu, so heftig sie kann – was dennoch meist nicht mehr bedeutet als ein Kneifen.

Sind die Eier befruchtet, sollten Sie sie auf dem Nest lassen, damit sie die Eier ausbrütet. Nach 21 Tagen schlüpfen die Küken (s. S. 70). Wenn Sie keinen Hahn haben, sind die Eier natürlich nicht befruchtet und es wachsen keine Küken heran.

Man kann befruchtete Bruteier von Züchtern oder sogar über das Internet beziehen. Bei Bestellungen aus dem Internet sollten Sie jedoch bedenken, dass sich in Eiern, die mit der Post verschickt wurden, manchmal keine Küken entwickeln. Zieht man selbst Küken nach, erhält man nach meiner Erfahrung überdurchschnittlich oft Hähne.

Sitzt Ihre Glucke auf unbefruchteten Eiern, müssen Sie diese entfernen und sie vom Brüten abbringen. Dazu müssen Sie die Glucke zweimal täglich vom Nest nehmen. Heben Sie sie einfach hoch und setzen Sie sie an den Futter- und Wasserbehälter. Meist wird sie Kot absetzen und dann in ihre Nistbox zurückkehren. Nehmen Sie die Glucke morgens vom Nest und dann wieder nachmittags, wenn Sie ein wenig Körnermischung verstreuen.

Will man eine Henne vom Glucken abbringen, muss man sie abkühlen, etwa indem man sie für eine Weile in einen Entwöhnungskäfig steckt. Dieser hat meist einen Boden aus Drahtgitter, sodass die Luft zirkulieren und die Henne abkühlen kann. Bei warmem Wetter kann man die Henne auch mit der Brust in kaltes Wasser tauchen, sie so im Auslauf behalten und ihre Nistbox versperren. Auch kleine, tiefgekühlte Wasserfläschchen im Nest können helfen. Ist eine Henne sehr aufs Brüten aus, braucht sie manchmal ziemlich lange, um sich davon abbringen zu lassen. Bleiben Sie also am Ball. Eine Glucke, die still auf dem Nest sitzend ihre Eier ausbrütet, ist ein leichtes Ziel für Milben und muss regelmäßig mit Milbenmittel behandelt werden.

RECHTS: Diese gelockte Zwerg-Cochin-Glucke wirkt wenig glücklich, weil sie zum Fressen vom Nest weggeholt wurde.

Eier

OBEN: Der schönste Teil der Arbeit – das Einsammeln der frischen Eier.

Anatomie des Hühnereies

Ein Ei besteht aus drei Teilen: Dotter (Eigelb), Eiklar (Eiweiß) und Eischale. Als Embryo besitzt eine Henne noch zwei Ovarien (Eierstöcke), doch meist entwickelt sich nur der linke weiter, der rechte bildet sich zurück. Der Eierstock enthält schon beim Küken zahlreiche noch nicht entwickelte Follikel, die dem gelben Teil eines Eis entsprechen. Wird dieser Follikel per Eisprung vom Eierstock freigegeben, beginnt damit die Bildung des Eis.

Der Follikel wandert durch den Eileitertrichter in den Legedarm (Magnum), wo Eiklar um den Dotter angelagert wird. Das unfertige Ei wird dann weiter in die Eileiterenge (Isthmus) transportiert, wo innere und äußere Schalenhaut, aber noch nicht die kalkhaltige harte Schale selbst dazukommen.

Dann wandert das Ei in den Uterus (Kalkkammer), wo die Schale gebildet wird, was bis zu 20 Stunden dauert. Beim Legen wird das Ei mit einer feuchten Schicht überzogen, die zur Kutikula (Oberhaut) eintrocknet und verhindert, dass Bakterien ins Eiinnere gelangen. Insgesamt dauert die Eibildung etwa 24 Stunden. Bei Hennen, die erst vor kurzem mit dem Legen begonnen haben, wandern nicht selten zwei Eier gleichzeitig durch Eileiter und Uterus. So entstehen Eier mit Doppeldottern. Selten findet man sogar drei Dotter in einem Ei, was bei meinen Kindern stets große Aufregung hervorruft und die Frage aufwirft, wer das Ei denn nun essen darf! Die höchste je dokumentierte Dotterzahl in einem Ei lag bei neun. Mit zunehmender körperlicher Reife der Hennen tritt derlei dann immer seltener auf. Ebenfalls bei Hennen, die gerade anfangen, Eier zu legen, treten manchmal Eier ohne feste Schale auf. Solche weichschaligen »Windeier« zeigen, dass die Henne noch jung ist und das Ei zu schnell durch den Uterus wandert. Passiert dies allerdings oft, kann ein ernsthaftes Problem dahinter stecken und Sie sollten den Tierarzt aufsuchen.

Ihre Hühner scharren und laufen also nicht nur ständig umher, sondern sind auch innerlich ununterbrochen aktiv. Mit etwas Glück wird man Zeuge des faszinierenden Vorgangs der Eiablage. Ich erinnere mich immer noch fasziniert an den Gesichtsausdruck meiner Tochter, nachdem sie ihre Henne bei der Eiablage beobachtet hatte. Sie kam mit leuchtenden Augen und dem noch warmen Ei in der Hand zu mir. Es ist so einfach, Hühner zu halten, und es bereichert das Leben meiner Familie ungemein

Junghennen beginnen je nach Jahreszeit meist mit etwa 19 bis 21 Wochen mit dem Legen. In den wärmeren Monaten liegt der Legebeginn etwas früher, am Jahresende meist später. Bei manchen Rassen (etwa den Leghorns) ist ein leuchtendroter Kamm ein Zeichen für den bevorstehenden Legebeginn, bei anderen wie den Rhodeländern ist es die Gelbfärbung der Beine. Ein weiterer

Bis zu ihrem ersten Ei ist die Henne eine Junghenne, danach eine Legehenne.

Die Farbe der Eierschale hängt oft mit der Farbe der Ohrlappen zusammen. Tiere mit roten Ohrlappen legen meist braune, solche mit weißen Ohrlappen weiße Eier.

Indikator ist die Weite der Beckenöffnung. Diese ist bei einer Eier legenden Henne etwa drei Finger breit.

Es ist sehr aufregend, wenn man als frisch gebackener Hühnerhalter darauf wartet, dass die Tiere die ersten Eier legen. Ich erinnere mich, wie ich als kleines Kind als Erste aufstand, damit ich auch ja die Eier einsammeln konnte. Wie groß war die Enttäuschung, wenn ich keine Eier fand! Doch schon am nächsten Tag ging ich wieder voller Vorfreude auf die Suche. Es ist eine ganz besondere Zeit, nicht nur für die Hühner, sondern auch für die Erwachsenen und Kinder, die dies miterleben. Anfangs legen Hühner oft recht kleine Eier, manchmal auch leere Schalen. Keine Sorge, derlei Anfangsschwierigkeiten geben sich bald und mit dem Heranreifen der Hennen werden auch die Eier größer.

Von einer Familie, die ihre Hühner bei mir gekauft hatte, erhielt ich einmal eine wunderbare E-Mail. Eine Henne hatte gleich am nächsten Tag ein Ei gelegt, und die Mutter berichtete, dass es sich fast wie Weihnachten anfühlte – aufgeregt kochten alle zusammen das Ei und teilten es in vier Teile, damit jeder davon kosten konnte. Sie schrieb: »Diese wunderbare Erfahrung hat uns so viel Freude gemacht. Ich wünschte, wir hätten uns schon viel früher Hühner angeschafft!«

Auch wenn Sie eine Legehenne kaufen, können der Transport zu Ihnen und der Stress durch die neue Umgebung bewirken, dass sie für kurze Zeit keine Eier legt. Warten Sie einfach ab, sie wird bald damit anfangen.

DAS STECKT IM EI

Die größtenteils (zu etwa 75 Prozent) aus Wasser bestehenden Eier lassen sich in drei Komponenten unterteilen:

- **Schale**
- **Eiklar**
- **Eidotter**

Die Schale macht etwa 11 Prozent des Eigewichts aus. Durch winzige Poren, die sich darin befinden, wird das heranwachsende Küken mit Sauerstoff versorgt, im Gegenzug entweichen Wasser und Kohlendioxid. Die Schale ist meist stabil, kann bei älteren Hennen jedoch auch dünner sein. Ihre Farbe variiert je nach Rasse.

Die Farbe des Eidotters wird davon beeinflusst, was das Huhn frisst, auch Carotinoide und andere Farbstoffe im Futter haben Einfluss darauf. Auf den Nährwert des Eis hat die Dotterfarbe keine Auswirkung.

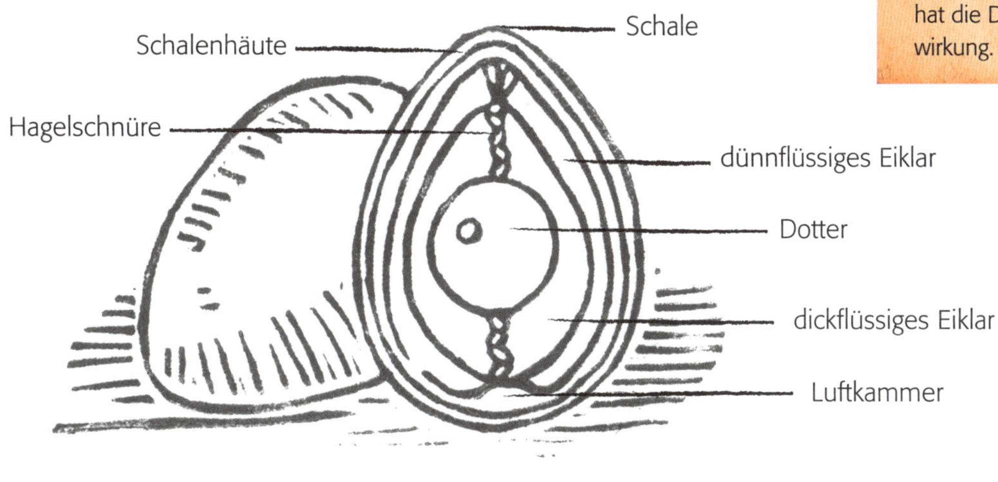

Wie lange legt eine Henne Eier?

Hennen legen je nach Rasse unterschiedlich lange. Rassehühner legen meist saisonal, beginnen also größtenteils im Frühling mit dem Eierlegen, wenn die Temperaturen steigen und die Tage länger werden. Dann legen sie bis in den Spätherbst, mausern sich und machen dann in den Wintermonaten eine Legepause. Da Rassehühner von Natur aus Legepausen machen, können sie über Jahre hinweg fröhlich Eier legen. Meine Henne Henrietta legte Eier, bis sie achteinhalb Jahre alt war; allerdings ließ ihre Legeleistung im Alter merklich nach.

Hybridhühner legen in den ersten zwölf Monaten kontinuierlich Eier. Dann gelten sie in der kommerziellen Haltung als »verbraucht« und werden geschlachtet, einige Glückliche gelangen in private Hände. Im Stall hält dann die nächste Hühnergeneration Einzug. In privater Haltung beginnen die Hennen nach einer Pause wieder mit dem Legen und können das einige Jahre lang weiterhin tun. Die meisten Halter finden es akzeptabel, ihre Hennen zu schlachten, wenn deren Legeleistung nachlässt; andere behalten sie sogar, wenn sie nur noch ab und zu ein Ei legen. Das muss jeder für sich entscheiden. Man kann aber schließlich immer neue Hennen dazukaufen, wenn man mehr Eier haben will (s. S. 66).

NÄHRSTOFFE IM EIDOTTER

- 16,5 Prozent Protein
- 33 Prozent Fett
- 50 Prozent Wasser
- Vitamine A, D, E und K
- Mineralien und Spurenelemente, u. a. Eisen
- Lecithin (ein Emulgator)

LINKS: Hühnereier verschiedener Größen. Das Ei unten rechts wurde von einer Junghenne gelegt – keine Angst, ihre Eier werden mit der Zeit noch größer!

Wie frisch ist das Ei?

»Frische« Eier, die man im Supermarkt kauft, sind oft mehrere Tage alt. Um zu prüfen, wie frisch ein Ei ist, kann man es in eine Schüssel mit kaltem Wasser legen. Liegt es nahezu flach am Boden, ist es sehr frisch. Stellt es sich mit dem stumpfen Ende nach oben am Gefäßboden auf, ist es bereits älter; am ältesten sind sich steil aufstellende Eier. Schwimmt das Ei oben, ist es sehr alt und sollte nicht mehr gegessen werden. Achten Sie in diesem Fall darauf, die Schale nicht zu zerbrechen – es würde ziemlich stark stinken.

Aufbewahrung

In meinem Haus liegen Eier nie lange herum; ich bewahre sie in einer Keramikschale auf der Küchenarbeitsfläche auf. Ich habe gehört, dass man sie am besten in ihrem Karton im Kühlschrank verstauen sollte, doch ich denke, dass frische Eier durchaus in der Küche aufbewahrt werden können, wo ich sie auch gern betrachte. Einige meiner Freunde arrangieren ihre (verschiedenfarbigen) Eier sogar offen in Körben, weil sie sie schön finden und nicht im Kühlschrank verstecken wollen.

Eine Henne braucht 24 bis 26 Stunden, um ein Ei zu legen, man darf also pro Tag mit einem Ei rechnen. Den Legerekord hält wohl eine Henne, die an einem Tag sieben Eier legte.

Braucht man einen Hahn?

Eine der Fragen, die mir am häufigsten gestellt werden, ist: »Brauche ich einen Hahn, damit meine Hennen Eier legen?« Die Antwort ist nein. Ihre Hennen werden auch dann Eier legen, wenn Sie keinen Hahn haben. Diesen brauchen Sie nur, wenn Sie mit ihren Hühnern züchten wollen.

Ein Hahn ist jedoch eine wunderbare Ergänzung zu ihren Hennen. Er hat eine ausgleichende Wirkung auf die Damen und sorgt bei Kabbeleien meist schnell für Ruhe. Zudem ist es faszinierend, einen Hahn zu beobachten. Ich hatte einige ganz wunderbare Hähne: Brigadier, ein stattlicher goldgelber Brahma-Hahn, kümmerte sich wie ein echter Gentleman um seine Hennen und rief sie herbei, wenn er einen Wurm fand. Seine Anwesenheit brachte Ruhe in die Hühnerschar, Streit gab es nicht. Er begab sich immer als Letzter zur Ruhe; fast schien es, als würde er am Eingang nachzählen, ob auch keine Henne fehlte. Bei Rocky, einem blauen Cochin-Hahn, sah es allerdings ganz anders aus. Er entwickelte sich quasi über Nacht von einem reizenden Jungen zu einem wahren Höllenhund, der alles und jeden angriff und mir ein paar üble Wunden verpasste. Ich musste mich leider von ihm trennen, denn niemand traute sich mehr in seine Nähe. Die meisten Hähne sind freundlich, sie beschützen ihre Hennen in der Brutsaison vom Frühlingsanfang bis in den Spätsommer und machen keine Probleme.

Die Sporne eines Hahns können recht lang werden, man sollte sie also regelmäßig kürzen. Dabei muss man vorsichtig vorgehen, denn schneidet man zu viel ab, so kann es zu heftigen Blutungen kommen.

Ein ausgewachsener Hahn lässt sich normalerweise gut in die Gruppe einführen – ein Alter von etwa einem Jahr ist am günstigsten. Ist er zu jung, wird er von den Hennen tyrannisiert. Das einzige Problem können zum Ende der Brutsaison kahle Stellen auf dem Rücken der Hennen sein. Grund dafür ist der Tretakt, also die Paarung. Diese kahlen Stellen zeigen sich meist, wenn der Hahn mit nur zwei oder drei Hennen zusammenlebt. Seine Lieblingshenne erkennt man daran, dass sie am kahlsten ist. Nun, ihre Federn wachsen innerhalb von drei bis fünf Wochen nach. Zur Not kann man (etwa über das Internet) für verschiedene Rassen einen passenden Tretschutz in unterschiedlichen Größen beziehen, um die Haut der Henne zu schützen. Benutzt man einen Tretschutz, muss man die Henne regelmäßig auf Milben und Infektionen untersuchen.

HALTBARKEIT

Oft wird empfohlen, Eier im Kühlschrank aufzubewahren, und zwar – wegen der Poren in ihrer Schale – abseits von stark riechenden Lebensmitteln. Im Kühlschrank halten sich Eier bis zu 28, ungekühlt bis 21 Tage frisch.

Mit der Zeit dringen Bakterien in das Ei ein. Wasser wandert aus dem Eiklar in den Dotter, die Dottermembran wird schwächer, das Eiklar dünner und das Ei zersetzt sich, wenn sich die Bakterien ansiedeln. Die Schale sieht von außen trocken aus, denn sie verliert Feuchtigkeit.

RECHTS: Ein prachtvoller Brahma-Hahn betrachtet sein Revier.

Ist ein Hahn bei der Schar, legen die Hennen größtenteils befruchtete Eier, die man genauso essen kann wie unbefruchtete.

Gesundheit,
Wohlergehen

Anatomie

Um Hühner zu halten, muss man ihre Anatomie nicht in- und auswendig kennen. Etwas Verständnis kann jedoch nicht schaden, denn wenn man weiß, wie die Dinge laufen, kann man mögliche Probleme schneller erkennen – etwa wenn ein Ei ohne Schale gelegt wird. Es ist auch nützlich zu wissen, wo die Ohren sitzen; die meisten Leute sind sich gar nicht bewusst, dass Hühner Ohren haben. Wenn man die Ernährungsweise der Hühner kennt, kann man außerdem die Futtermittel besser beurteilen, und wenn man weiß, wie Blinddarmkot aussieht, gerät man darüber nicht unnötig in Panik. All diese Informationen tragen hoffentlich dazu bei, dass Sie sich an ihren Hühnern entspannt erfreuen können.

RECHTS: Diese Rhodeländer-Hybridhenne streift frei umher. Sie sieht zufrieden und gesund aus.

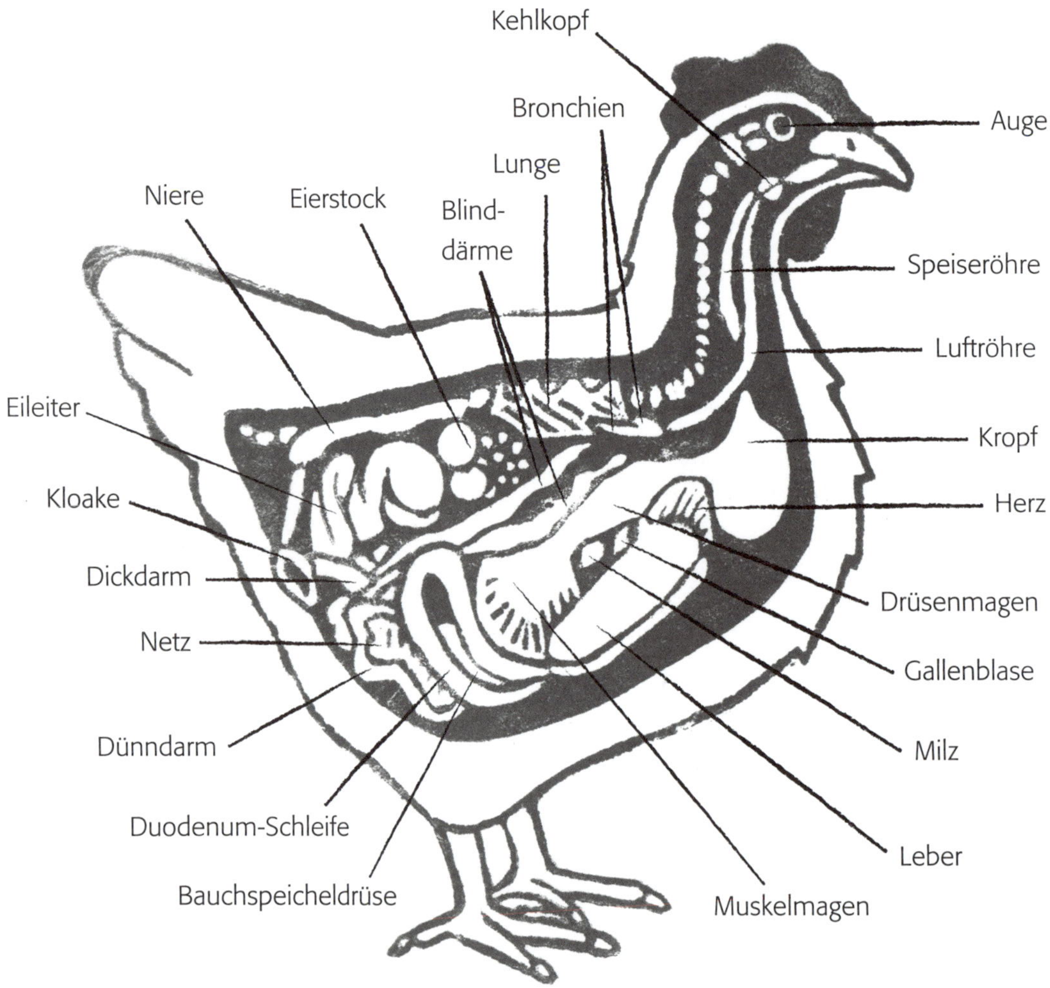

OBEN: Der wache Blick eines gesunden Huhns. GEGENÜBER, OBEN LINKS: Kamm eines weißen Seidenhuhn-Hahns. OBEN RECHTS: Normal geformter Hühnerschnabel. UNTEN LINKS: Das Ohr eines Huhns. UNTEN RECHTS: Die blaue Haut eines Seidenhuhns.

Wissenswertes rund um den Kopf

• **Kamm**: Es gibt die unterschiedlichsten Kammformen und -farben. Der Kamm ist nicht immer rot; bei manchen Rassen ist er violett. Form und Farbe variieren je nach Rasse und Geschlecht. Hähne haben meist einen größeren Kamm, um die Hennen zu beeindrucken. In erster Linie dient der Kamm dazu, bei Hitze für Kühlung zu sorgen, denn Hühner schwitzen nicht. Stattdessen strömt vermehrt Blut in Kamm und Kehllappen, wo die Körperwärme an die Luft abgegeben wird. Gängige Kammformen sind Einfach-, Säge-, Schlotter-, Becher-, Erbsen-, Rosen-, Schmetterlings- und Wulstkamm.

Bei strenger Kälte können Hühner Erfrierungen an Kamm oder Kehllappen erleiden, daher sollte man vorbeugend Vaseline auftragen (s. S. 130).

• **Schnabel**: Er dient dem Aufpicken von Nahrung und sollte seine natürliche Form behalten. Bei Hühnern in Intensivhaltung kürzt man oft den Oberschnabel, um zu verhindern, dass die Vögel sich gegenseitig picken und dadurch ein zerrupftes Federkleid erhalten. Doch dieses Schnabelkupieren, das mit großen Schmerzen verbunden ist, verhindert auch die natürliche Nahrungssuche, denn so kann das Huhn beispielsweise keinen Grashalm mehr zupfen und nur mühsam kleine Objekte aufpicken. In der biologischen Haltung ist das Schnabelkürzen verboten. Ich lehne diese Praxis ebenfalls entschieden ab.

• **Augen**: Hühner können bei Helligkeit sehr gut sehen und Farben erkennen. Allerdings überschneiden sich die Gesichtsfelder beider Augen wenig, sodass Hühner schlecht räumlich sehen können.

• **Kehllappen**: Diese hängen unterhalb des Schnabels herab und sind beim Hahn meist größer. Sie dienen bei Hitze wie der Kamm der Kühlung.

• **Ohren**: Die Ohren sind kleine, von Federn bedeckte Öffnungen. Die Farbe der Ohrlappen steht im Zusammenhang mit der Farbe der Eierschalen. Hühner mit weißen Ohrlappen bzw. Ohrscheiben legen stets weiße, solche mit roten Ohrlappen meist braune Eier.

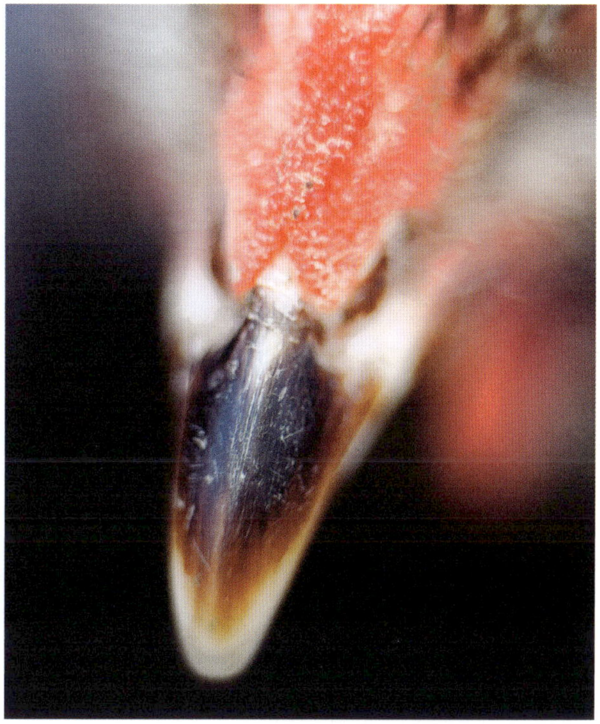
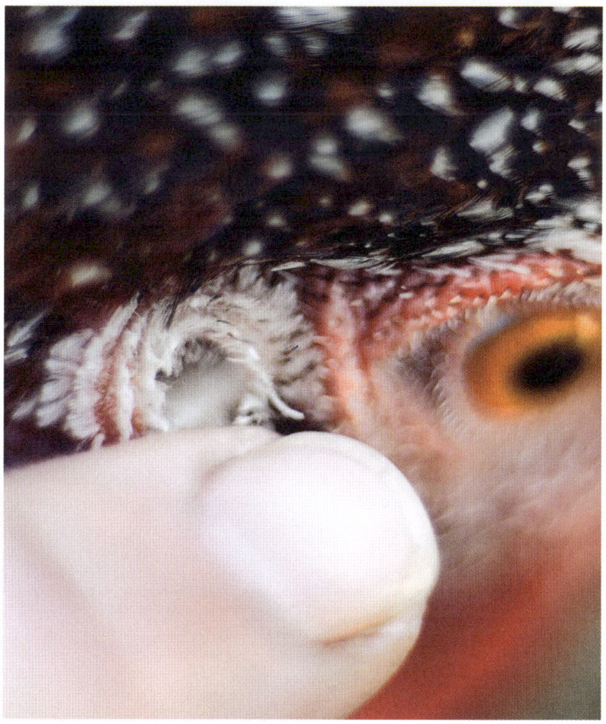

RECHTE SEITE: Verschiedene Gefiedermuster. OBEN LINKS: Getupft. OBEN RECHTS: Gesäumt. UNTEN LINKS: Doppelt gesäumt. UNTEN RECHTS: Porzellanfarbig.

Gefieder

Federn schützen vor Regen und Nässe, halten die Hühner warm und schützen ihre Haut vor der Sonne. Außerdem dienen sie als Polsterung, die Verletzungen »abfedert«. Federn zeigen oft verschiedene Musterungen. Sie sind beispielsweise gebändert (horizontal abwechselnd hell und dunkel gestreift), gesäumt (kontrastfarbig umrandet), getupft (mit einem Tupfen in Kontrastfarbe an der Spitze der Feder), doppelt gesäumt (mit zwei andersfarbigen Säumen, sehr hübsch!), gesperbert (mit unregelmäßigen, oft ineinander übergehenden Streifen) oder gestrichelt (mit sehr feinen, in Längsrichtung der Feder verlaufenden Streifen).

Hühner haben je nach Rasse harte oder weiche Federn. Harte Federn wachsen dicht an dicht und hüllen den Körper fest ein. Die lockereren weichen Federn können dagegen manchen unerwünschten Gast anziehen (s. S. 122–125).
Das Gefieder des Hahns ist anders als das der Henne – seine Federn sind länger, spitzer und glänzen stärker. Manche Rassen haben befiederte Beine. Vögel verwenden viel Zeit auf die Pflege ihres Gefieders. Sie besitzen an der Schwanzbasis eine Drüse, die Bürzeldrüse, deren öliges Sekret sie mit dem Schnabel verteilen.

Alljährlich wird das Federkleid mit der Mauser erneuert, meist nach der Brutsaison. Die Mauser kann gleichzeitig am ganzen Körper erfolgen oder in einer bestimmten Abfolge, von Kopf und Hals über Brust und Rumpf bis zu Flügeln und Schwanz. Die Mauser ist für die Tiere sehr anstrengend, sodass die Hühner in dieser Zeit leicht lethargisch wirken können. Das Ganze dauert drei bis vier Wochen, manchmal bis zu zwei Monate. Während der Mauser legen die Hennen oft keine Eier. Alle Hühner profitieren von spezifischen Stärkungsmitteln (Mauserhilfe), die das Erneuern des Gefieders und damit auch das Eierlegen fördern.

Flügelstutzen

Manche Hühnerrassen können recht gut fliegen und schaffen es durchaus auf ein Scheunendach. Ich empfehle Ihnen, die Schwungfedern Ihrer Hühner gleich nach dem Abholen zu stutzen, denn die Tiere könnten durch den Umgebungswechsel gestresst und nervös sein und deshalb davonfliegen. Man stutzt nur den linken Flügel, weil die Henne durch den aktiven Eierstock auf dieser Seite etwas schwerer ist. Durch das einseitige Stutzen bringt man sie aus der Balance, sie ist fast flugunfähig. Korrekt durchgeführt ist das Flügelstutzen weder schmerzhaft noch grausam, sondern so, als würden wir uns die Nägel schneiden. Wenden Sie sich im Zweifelsfall an den Züchter oder Ihren Tierarzt.

Beschnitten werden nur die äußeren Schwungfedern. Schneiden Sie diese nur bis zu den Spitzen der übrigen Federn zurück und stutzen Sie niemals in die Flaumfedern, denn diese halten die Tiere warm. Die gestutzten Federn wachsen wieder nach, nach der Mauser muss der Vorgang also wiederholt werden.

Eine Freundin kaufte einmal ein paar Hennen von mir, denen ich je einen Flügel stutzte. Zu Hause angekommen, stutzte sie ihnen jeweils den anderen Flügel, weil sie dachte, ich hätte es vergessen. Nun, ihre Hennen flatterten zwar unbeholfen, aber munter über den Zaun und forderten von mir Leckerbissen, als ich sie besuchte – meine Freundin hatte das Gleichgewicht wieder hergestellt! Wir lachten herzlich darüber, und sie musste wohl oder übel ihren Zaun erhöhen.

MUSS MAN ALLEN HÜHNERN DIE FLÜGEL STUTZEN?

Ich empfehle, allen als gute Flieger bekannten Rassen bei Legebeginn die Flügel zu stutzen. Am besten, Sie erkundigen sich bei Ihrem Züchter, ob diese Notwendigkeit besteht.

LINKS: Die Handschwingen eines Huhns vor dem Stutzen. RECHTS: Stutzen der Handschwingen.

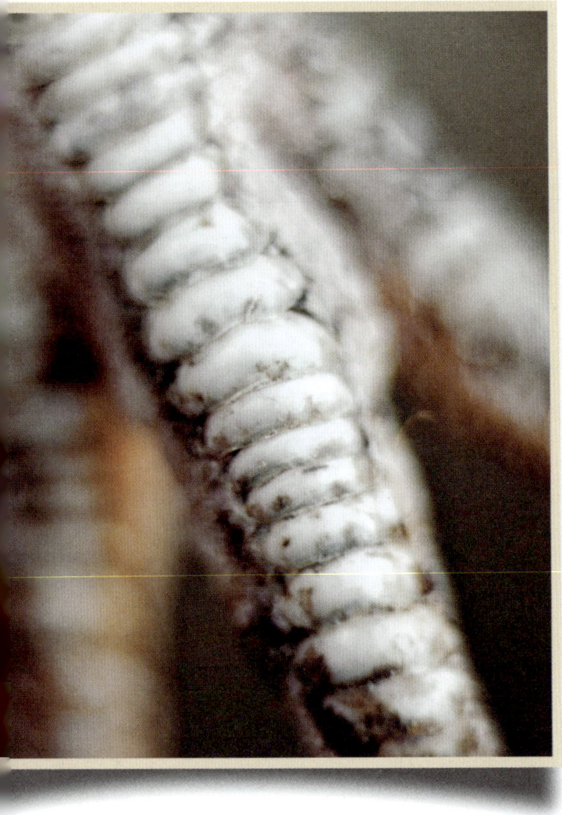

OBEN: Nahaufnahme einer gesunden Zehe.

Wissenswertes rund um das Bein

Hühnerbeine sind von Schuppen bedeckt, unter denen sich Milben einnisten können (s. S. 124–126). Die Oberschenkel sind von Federn überzogen. Nur Hähne besitzen Sporne, mit denen sie sich und ihre Hennen verteidigen. Die Sporne eines Hahns können recht groß werden – auch wenn der Hahn friedlich ist, sollten Sie sie daher beschneiden, denn sie können den Hennen beim Tretakt (der Paarung) Verletzungen zufügen. Das Beschneiden erfolgt am besten mit einer guten Schere oder Feile, denn die Sporen sind sehr hart. Entfernen Sie nur die scharfe Spitze, werden Blutgefäße verletzt, so blutet die Wunde stark.

Hühner haben meist vier Zehen, einige Rassen (wie die Seidenhühner) besitzen fünf. Verletzungen der Zehen heilen bei richtiger Behandlung meist schnell. An den Enden der Zehen sitzen Krallen, die ebenfalls manchmal verletzt werden können (s. S. 130). Bei den meisten Hühnerrassen braucht man die Krallen nicht zu schneiden, weil sie ständig scharren und sie so kurz gehalten werden. Ausnahmen sind beispielsweise leichte, kleine Rassen. Krallenschneiden ist einfach, doch darf man nicht zu viel abschneiden. Meist sind die kleinen Blutgefäße gut zu erkennen, die man nicht verletzen darf. Passiert dies doch einmal, blutet es stark. Sprühen Sie dann die Stelle mit Desinfektionsspray ein und streichen Sie ein wenig Vaseline darauf. Halten Sie die Henne anschließend abseits der Gruppe, damit sie nicht gepiesackt wird. Die Blutung hört normalerweise rasch auf.

Wie Hühner atmen

Hühner besitzen zwei Lungenflügel, die wie beim Menschen mit der Luftröhre verbunden sind, doch da hören die Gemeinsamkeiten auch schon auf. Die Lungenflügel der Vögel sind fest mit dem Brustkorb verwachsen, dehnen sich also beim Atmen nicht aus. Vögel pressen die Atemluft mithilfe so genannter Luftsäcke durch die Lunge. Diese Luftsäcke, die es nur bei Vögeln gibt, sind kleine, ballonähnliche Strukturen, die Luft enthalten und wie Blasebalge arbeiten; die Lunge wird so ständig von Luft durchströmt. Da Hühner zum Atmen auf die Bewegung des Brustkorbes angewiesen sind, können sie ersticken, wenn man sie zu fest hält.

Hühner besitzen neun Luftsäcke: zwei Bauchluftsäcke, zwei hintere und zwei vordere Brustluftsäcke, zwei Halsluftsäcke und einen Schlüsselbeinluftsack.
Die Hühnerlunge wird beim Aus- und Einatmen von Frischluft durchströmt, weil sich nur die Luftsäcke ausdehnen und zusammenziehen, nicht die Lunge.
Die Luft wird durch die Nasenlöcher eingesogen; etwa die Hälfte davon strömt in die Lunge und die vorderen Luftsäcke. Beim Ausatmen strömt dann die Luft aus den hinteren Luftsäcken wiederum durch die Lunge. Diese wird also ständig mit frischer Luft versorgt. Bei Vögeln sind auch etliche Knochen belüftet (»pneumatisiert«) und von Luftsäcken ausgekleidet, stehen also mit dem Atemsystem in Verbindung.

Verdauungssystem

Wenn ein Huhn frisst, wandert die Nahrung zunächst die Speiseröhre hinab in den Kropf, wo sie eingeweicht wird. Dann gelangt sie in den Drüsenmagen, wo sie mit Magensäure vermischt wird, anschließend in den Muskelmagen. Dieser verfügt über zwei kräftige Muskelstränge, um die Nahrung mithilfe von Grit (siehe S. 36) zu vermischen und zu zerkleinern. Schließlich wandert die Nahrung durch den Darm, wo ihr Nährstoffe und Wasser entzogen werden. Was übrig bleibt, wird über die Kloake ausgeschieden. Legt die Henne ein Ei, stülpt sich die Vagina in die Kloake vor und entlässt das Ei nach draußen; es kommt also nicht mit Kot in Berührung.

Der Kropf ist eine Aussackung der Speiseröhre am Halsansatz. Er dient dazu, Nahrung und Wasser zu speichern. Gegen Abend sieht er größer aus, weil er mit Nahrung gefüllt ist. Ein Huhn schiebt die Nahrung mit der Zunge in den Schlund, doch mit Wasser klappt das nicht besonders gut. Beim Trinken reckt es darum den Kopf nach oben und öffnet und schließt den Schnabel schnell, sodass das Wasser in den Kropf rinnen kann.

Hühner besitzen zwei Blinddärme am Übergang von Dünn- zu Dickdarm. Ihr Inhalt wird mehrmals täglich separat als Blinddarmkot ausgeschieden – und stinkt erbärmlich. Dieser meist senfgelbe Kot zeigt, dass das Verdauungssystem Ihrer Hühner gut funktioniert. Normaler Hühnerkot ist fester und braun mit einem weißen Klacks obenauf, dem Urin. Gelblicher, schaumiger oder blutiger Kot kann ein Zeichen für Kokzidiose sein (siehe S. 128). Weißlicher, flüssiger Kot kann auf Wurmbefall hindeuten, grüner auf einen massiven Befall oder aber darauf, dass der Vogel zu viel Grünzeug gefressen hat.

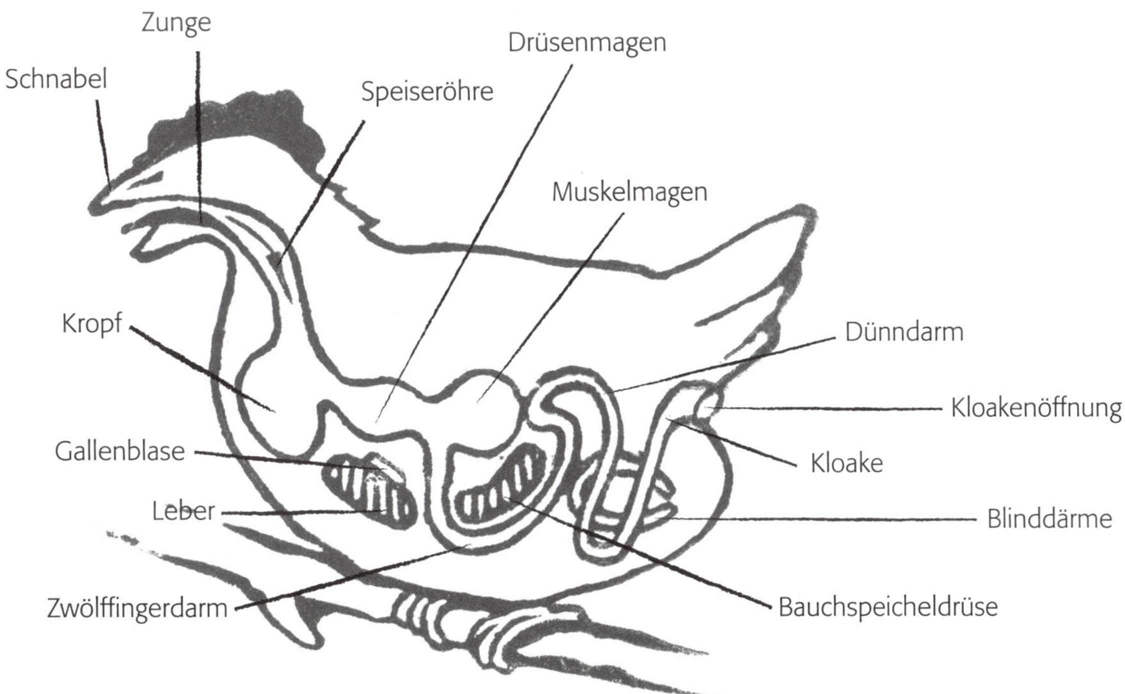

Krankheiten, Parasiten

Als Hühnerhalter sollte man wissen, was für die Tiere normal ist, denn es ist sehr wichtig, Krankheitsanzeichen zu erkennen. In freier Natur sind Hühner ständiger Verfolgung ausgesetzt, und Gesundheit ist für sie überlebenswichtig. Hühner können sehr gut so tun, als ginge es ihnen bestens, solange Sie anwesend sind. Erscheint eine Henne krank, können Sie daher davon ausgehen, dass sie es schon länger ist. Kranke Hühner kauern sich meist mit gesenktem Kopf und gesträubtem Gefieder nieder und wirken niedergeschlagen oder apathisch. Isolieren Sie ein solches Huhn unbedingt, damit die anderen es nicht hacken und terrorisieren. So schützen Sie zudem die anderen Hennen vor möglicher Ansteckung. Wenn es keinen anderen Platz gibt, können Sie die Henne auch in einer Box mit Futter und Wasser im Haus unterbringen.

Ich bin keine Tierärztin, und die hier vorgeschlagenen Heilmittel empfehle ich aufgrund meiner Erfahrungen. Sollten Sie sich unsicher sein, rufen Sie die Person an, von der Sie Ihre Hühner bezogen haben – er oder sie hilft bestimmt gern weiter. Bleiben die Symptome bestehen und zeigt die Behandlung keine Wirkung, sollten Sie ohne weiteres Zögern den Tierarzt rufen. Es gibt eine ganze Reihe von Seuchen, die mit unbestimmten Symptomen verbunden und deshalb schwierig zu identifizieren sind. Gegen eine Reihe von Krankheiten, etwa die Marieksche Krankheit, ist eine vorsorgliche Impfung möglich.

Bedenken Sie, dass sich nicht jeder Tierarzt mit Hühnern auskennt. Haben Sie Ihr Tier von einem guten Züchter bezogen, hat dieser sicher einen Fachmann mit Geflügelerfahrung an der Hand und gibt Ihnen dessen Telefonnummer. Auch dies ist ein guter Grund dafür, bei einem seriösen Züchter zu kaufen.

Natürliche Mittel helfen nach meiner Erfahrung durchaus, wenn man sie in der richtigen Menge und regelmäßig gibt. Natürlich ersetzen sie keine Entwurmungsmittel, Kokzidiostatika und Besuche durch den Tierarzt, und sie gleichen auch weder schlechtes Futter noch schmutziges Wasser, Platzmangel oder sonstige schlechte Haltungsbedingungen aus.

Die Erwähnung der Vogelgrippe lässt jedem Hühnerhalter das Blut in den Adern gefrieren. Man hört viel darüber, doch sollte man nicht vergessen, dass sie vor allem in ärmeren Regionen Asiens vorkommt, wo Menschen und Hühner auf engstem Raum zusammenleben. Es ist sehr unwahrscheinlich, dass Sie und ich jemals damit zu tun haben werden. Dennoch seien die Symptome hier genannt: Kamm und Kehllappen können sich blau verfärben, die Hennen sehen krank aus, stehen zusammengekauert da und sterben sehr schnell. Die Vogelgrippe ist meldepflichtig. Sterben Ihnen viele Hühner weg, informieren Sie unbedingt sofort den Tierarzt. Bei manchen vom Tierarzt verabreichten Medikamenten können die Wirkstoffe auf die Eier übergehen; diese sollten also während einer Behandlung nicht gegessen werden. Der Tierarzt wird Sie entsprechend informieren.

RECHTS: Eine Gruppe Hennen sucht Schutz vor dem Regen.

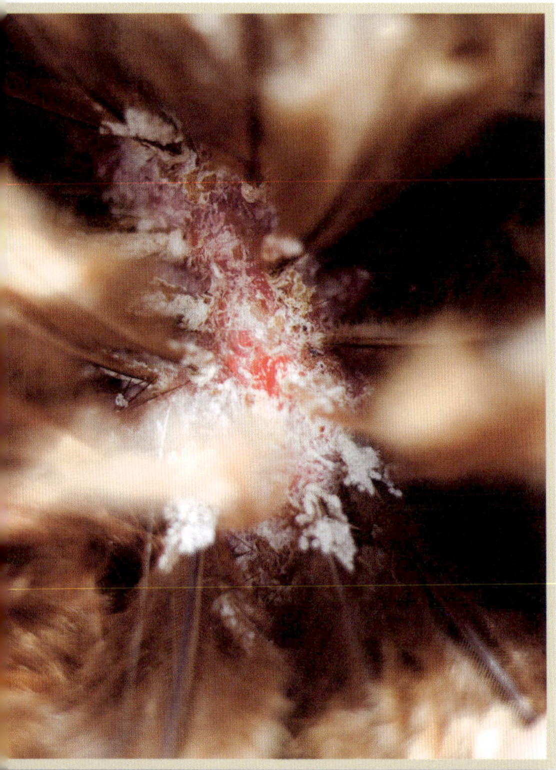

OBEN: Die Eier der Federlinge sitzen meist an der Federbasis, vor allem rund um die Kloake.

Krankheiten und Infektionen von A bis Z

FEDERLINGSBEFALL

Diese häufigen Ektoparasiten befallen ausschließlich Vögel. Ihr Lebenszyklus dauert vom Ei bis zum ausgewachsenen Federling fast drei Wochen. Die Parasiten leben ständig auf den Hühnern, sie ernähren sich von Hautschuppen und Hornteilen der Federn; Federlinge können das Gefieder stark schädigen und das Wohlbefinden beeinträchtigen. Anzeichen für Federlingsbefall sind Unruhe, ständiges Kratzen und Gefiederpflegen, später auch kahle Stellen. Diese treten vor allem rund um die Kloakenöffnung auf, wo die Vögel ihre Federn wegknabbern. Durch den Stress lässt oft die Legeleistung nach. Im Gefieder sind strohfarbene, flinke Federlinge zu erkennen. Ihre weißen Eier legen sie in Haufen an der Federbasis ab (siehe Bild links). Die Larven schlüpfen je nach Witterung nach vier bis sieben Tagen.

Die Behandlung besteht meist im regelmäßigen Einpudern oder Einsprühen der Hühner mit Kontaktinsektiziden, um den Vermehrungszyklus zu unterbrechen. Die Produkte sind ausschließlich für Geflügel entwickelt. Da die Federlinge im Gegensatz zu Milben nur auf den Hühnern leben, braucht der Stall nicht desinfiziert zu werden. Federlinge können durch Reinlichkeit in der Haltung kurz gehalten werden.

INFEKTIÖSE BRONCHITIS (IB)

Diese Viruskrankheit ruft ganz ähnliche Symptome wie die Mykoplasmose (s. S. 123) hervor, befällt aber im Gegensatz zu dieser binnen weniger Tage die gesamte Hühnerschar. Symptome sind Husten und Keuchen. Auch das Nervensystem kann befallen werden, die Hühner lassen dann die Flügel hängen und verdrehen den Hals. Bei Legehennen verfärbt sich der Kot manchmal grün, sie legen weichschalige oder gar keine Eier. Die meisten Hybridhühner sind gegen IB geimpft. Vögel, die eine IB überstanden haben, sind immun dagegen, bleiben aber Träger des Virus.

Die Behandlung besteht darin, die erkrankten Vögel warm zu halten und eventuell auftretende Sekundärinfektionen mit Antibiotika zu behandeln. Vitamingaben über das Trinkwasser fördern die Heilung. Eine Gefährdung des Menschen ist nicht bekannt.

KOKZIDIOSE

Die Kokzidiose, eine Darminfektion, ist eine der häufigsten durch Einzeller verursachten Krankheiten des Geflügels und kann sogar in gesunden Beständen auftreten. Sind Hühner den Kokzidien in langsam steigendem Maß ausgesetzt, können sie dagegen resistent werden; ausgewachsene Hühner sind daher meist immun. Heftige Krankheitsausbrüche gibt es meist bei Jungvögeln von drei bis sechs Wochen; diese müssen sofort vom Tierarzt etwa mit Sulfonamiden behandelt werden. Mangelnde Hygiene, zu hohe Bestandsdichte und Stress etwa durch Futter- oder Standortwechsel können einen Ausbruch verursachen. Vorbeugemaßnahmen sind gründliche Beseitigung von Kot, sorgfältiges Sauberhalten von Stall und Geräten sowie richtige Fütterung.

LUFTRÖHRENWURMBEFALL

Dieser Fadenwurm, auch Rot- oder Gabelwurm genannt, verursacht Atemprobleme, denn der ausgewachsene Wurm lebt in der Luftröhrenschleimhaut der Wirtstiere. Betroffene Hühner husten, schnappen nach Luft, gähnen häufig, recken den Kopf mit geöffnetem Schnabel nach oben, schütteln den Kopf und wirken geschwächt. Wenn Sie Ihre Hühner auf den Arm nehmen, hören Sie rasselnde Atemgeräusche. Bei hochgradigem Befall und ohne Behandlung ersticken die Hühner schließlich. Zur Vorbeugung eines Wurmbefalls (s. S. 124) ist es sehr wichtig, regelmäßig den Standort für den Auslauf zu wechseln. Zur Behandlung gehört auch die Gabe einer entsprechenden Wurmkur. Der Nachweis erfolgt über Wurmeier im Kot oder Rachenschleim.

MAREKSCHE KRANKHEIT

Diese hoch ansteckende Viruserkrankung betrifft vor allem Jungvögel. Es gibt keine Therapie; infizierte Hühner sehen sehr mitgenommen aus und zeigen Lähmungen der Flügel und Beine. Seidenhühner und Sebrights sind besonders anfällige Rassen. Die meisten Hybridhühner werden als Eintagsküken geimpft.

MYKOPLASMOSE

Der Erreger, *Mycoplasma gallisepticum,* stellt ein weit verbreitetes Problem dar. Er schlägt häufig dort zu, wo die Hühner angeschlagen oder gestresst sind. Oft genügt es schon, wenn man sie in einen neuen Stall bringt, neue Hennen in die Schar kommen oder das Wetter umschlägt. Symptome sind tränende Augen, Ausfluss aus den Nasenlöchern, Husten, Niesen und in schweren Fällen zugeschwollene Augen.

Wildvögel können Träger der Krankheit sein und frei umherstreifende Haushühner leicht anstecken. Sorgen Sie möglichst dafür, dass Wildvögel nicht an das Trinkwasser und Futter gelangen.

Leider sterben manche Hühner an dieser Krankheit; andere dagegen erholen sich, leiden aber immer wieder unter Rückfällen. Wieder andere erkranken nicht sichtbar, werden aber zu Trägern, können also Hühner, die neu in den Bestand kommen, infizieren.

Die Behandlung besteht meist in der Gabe eines Breitband-Antibiotikums, das nur der Tierarzt verordnen kann. Ich kann gar nicht genug betonen, wie wichtig schnelles Handeln ist. Vorbeugend kann man einige Naturheilmittel ausprobieren. Gibt man regelmäßig zwei bis drei geschälte und zerdrückte Knoblauchzehen in die Tränke, kann sich dies vorteilhaft auswirken, da es das Immunsystem der Hühner stärkt. Obstessig im Trinkwasser hilft bei Atemwegsproblemen, weil er offenbar den Schleim löst, der dann leichter ausgestoßen werden kann. Am besten, sie kaufen ihn im Tierbedarfshandel oder im Reformhaus. Im Supermarkt erhältlicher Obstessig ist behandelt und nicht so effektiv wie der naturbelassene Essig, der für Tiere angeboten wird.

Ist Ihr Bestand mit Mykoplasmose infiziert, entschließen Sie sich vielleicht, die Tiere töten zu lassen und einen neuen Bestand aufzubauen. In diesem Fall müssen Sie Stall, Futterspender und Tränken gründlich desinfizieren und die neuen Hühner frühestens nach zwei Wochen einstallen. Setzen Sie Stall und Auslauf an eine andere Stelle um, wenn möglich. *Mycoplasma gallisepticum* ist für den Menschen ungefährlich.

SAUGWURMBEFALL

Parasitische Saugwürmer (Egel, Trematoden) können durch Wildvögel in Ihren Bestand eingeschleppt werden, verursachen aber bei guten Haltungsbedingungen nur selten Probleme.

Gefährlich sind beispielsweise Egel, die den Eileiter befallen und diesen womöglich so anschwellen lassen, dass er platzt und die Henne stirbt. Mögliche Symptome sind Mattheit, kalkweißer Kot und Gewichtsverlust. Die Behandlung dieser »Libellenkrankheit« besteht vor allem darin, die Hühner von Teichen, Seen und sumpfigem Gelände fernzuhalten, wo Libellen, die Zwischenwirte des Parasiten, leben. Indem Sie kontrollieren, wo Ihre Hühner Nahrung suchen, vermeiden Sie die Aufnahme von befallenen Libellen.

WURMBEFALL

Hühner können Würmer vom Freiland aufnehmen, daher ist ein regelmäßiges Umsetzen des Auslaufs sehr wichtig, um deren Lebenszyklus zu durchbrechen. Manche Würmer leben ausschließlich im Huhn; ihre Eier werden mit dem Kot ausgeschieden und von anderen Hühnern wieder aufgenommen, sodass der Kreislauf erneut beginnt. Andere Würmer benötigen einen Zwischenwirt – der Wurm lebt im Huhn, das seine Eier mit dem Kot ausscheidet; diese werden dann von Schnecken, Käfern, Regenwürmern und dergleichen gefressen. Die infizierten Zwischenwirte werden dann wiederum von einem Huhn gefressen, und alles geht von vorne los. Verwurmte Wildvögel können die ursprüngliche Infektionsquelle für Ihre Hühner sein.

Wenn sich auf dem Untergrund eine Zeitlang keine Hühner aufhalten, fehlen auch die Wirte für die Würmer, und der Zyklus wird unterbrochen. Sie können den Boden kalken, was gegen Schädlinge wirkt, doch am besten ist es, die Vögel umzusetzen. Wurmkuren gibt es in vielen Formen, sie sind leicht anwendbar. Es gibt chemische und pflanzliche Entwurmungsmittel. Anzeichen für Wurmbefall sind blasse Kämme, schleichender Gewichtsverlust, ein stumpfes Federkleid, Lethargie, verminderte Legeleistung und Durchfall, der zu einem verschmutzten Hinterteil führt.

ZECKENBEFALL

Wenn die Hühner frei im hohen Gras umherstreifen, werden sie sich hier und da eine Zecke einfangen. Diese muss vorsichtig entfernt werden, sonst bleibt der Kopf in der Haut stecken und kann sich entzünden.

Zur Entfernung geeignet sind auch Zeckenzangen, die man kaufen kann. Wer geschickt ist, kann die Tiere mit zwei Fingern herausdrehen.

Milbenbefall

Es gibt eine ganze Reihe von Milben, die den Hühner das Leben schwer machen können. Hier die wichtigsten:

KALKBEINMILBE *(Cnemidocoptes mutans)*

Diese winzige Milbe schmarotzt an den Beinen der Hühner und gräbt sich in die Haut ein. Sie verbringt ihr ganzes Leben auf dem Huhn. Die Behandlung muss methodisch und gründlich erfolgen; hilfreich ist es, die Hühner auf anderen Boden umzusetzen. Weiße Ablagerungen und verkrustete Beine sind ein Anzeichen der Infektion.

Die Behandlung besteht darin, die Beine vorsichtig zu waschen und mit einem entsprechenden Mittel einzusprühen. Es gibt zahllose Präparate auf dem Markt, die die Milben abtöten. Ich bevorzuge die althergebrachte Methode, die Beine mit medizinischem Alkohol oder Schmierseife zu behandeln und regelmäßig mit Vaseline einzureiben. Kalkbeine sind sehr ansteckend; holen Sie also keine neuen Hühner in den Bestand, bevor das Problem nicht gelöst ist.

OHRMILBEN

Hühner werden oft von Milben befallen, die in die Gehörgänge eindringen und dort Infektionen verursachen. Symptome sind gelblicher Eiter und übler Geruch. Das Problem kann der Tierarzt leicht beheben.

NORDISCHE VOGELMILBE *(Ornithonyssus sylviarum)*

Sie stellt ein sehr großes Problem dar, denn sie verbringt ihr ganzes Leben auf dem Huhn und saugt Blut. Man sieht die Milben auf den Eiern und auch auf dem Huhn selbst herumkriechen. Bei starkem Befall bildet sich dunkler Schorf, besonders rund um die Kloakenöffnung. Die Behandlung ist dieselbe wie gegen die Rote Vogelmilbe (siehe unten), aber mit Schwerpunkt auf dem Huhn selbst. Nach meiner Erfahrung hilft es, nach der Behandlung Vaseline auf den Schorf aufzutragen.

ROTE VOGELMILBE *(Dermanyssus gallinae)*

Fast jeder Geflügelhalter hat wohl schon einmal Bekanntschaft mit diesen lästigen Parasiten geschlossen. Allgemein gelten sie eher als Unannehmlichkeit denn als Katastrophe, denn man kann etwas dagegen unternehmen. Wie wir ein Problem wahrnehmen, kann beeinflussen, wie wir damit umgehen. Sollten Sie Milben entdecken, geraten Sie nicht in Panik – bleiben Sie ruhig und überlegen Sie sich, was zu tun ist. Rote Vogelmilben befallen keine Menschen, sie sind wirtsspezifisch, d.h. gehen normalerweise nur auf Vögel. Bei sehr starkem Befall springen sie vielleicht auch auf Sie über. Das ist unangenehm, aber nach Dusche und Kleiderwechsel sind Sie sie wieder los.

Einmal suchte mich eine hysterische Dame auf, die Rote Vogelmilben in ihrem Hühnerstall entdeckt hatte. Nach einem kurzen Gespräch hatten wir die Lage erfasst und einen logischen Handlungsplan für sie entwickelt, um die Milben zu

UNTEN: Rote Vogelmilben *(Dermanyssus gallinae)* tummeln sich in einer Ritze.

bekämpfen. Sie ging mit ein paar neuen Produkten nach Hause, bereit, den Kampf aufzunehmen. Nach zwei Wochen hatte sie ihn gewonnen, und heute weiß sie ganz genau, worauf sie achten muss und was nächstes Mal zu tun ist.

Zunächst einmal muss man die Milben und ihren Lebenszyklus kennen. Sie sind temporäre Ektoparasiten, die in dunklen Ritzen und Spalten im Hühnerstall leben. Jede Nacht saugen sie für ein bis zwei Stunden an den Hühnern Blut. Die Milben können ohne Wirt und Nahrung bis zu acht Monate überdauern.

Die Eier sind sehr klein, oval und cremeweiß. Die ausgewachsenen Weibchen legen sie in dunkle Ritzen im Stall und in der Nistbox, meist erst einmal in der Umgebung der Sitzstangen. Die Larven schlüpfen bei warmem Wetter nach zwei bis drei Tagen. Sie haben sechs Beine und sind rot gefärbt wie ausgewachsene Milben. In diesem Stadium bleiben sie auf dem Huhn. Nach einem Tag entwickeln sie sich zu Protonymphen, die acht Beine haben wie eine ausgewachsene Milbe, aber kleiner sind. Sie beginnen mit dem Blutsaugen und werden nach etwa zwei Tagen zu Deutonymphen. Diese sind größer und entwickeln sich nach einer Blutmahlzeit zu ausgewachsenen Milben. Diese adulten Milben sind fortpflanzungsfähig und stellen das auch eifrig unter Beweis.

Bei Befall mit Roten Vogelmilben findet man ascheähnlichen Staub in Stallritzen und kleine Blutflecken auf den Eiern, die Hennen sind angeschlagen, legen womöglich keine Eier mehr und kehren abends nur zögerlich in den Stall zurück. Streicht man über die Unterseite der Stange, wird der Finger rot verfärbt, weil Milben daranhängen. Auch doppelseitiges Klebeband unter der Sitzstange hält die Milben fest, sodass man sie besser erkennen kann. Zur Überprüfung kann man abends ein Stück weißen Stoff in den Stall hängen und es am Morgen auf Milben untersuchen.

Entdeckt man die Milben schon früh, ist die Behandlung viel leichter als bei einem massiven Befall. Sie erfordert täglich etwas Zeit, erspart Ihnen aber auf lange Sicht viel Arbeit. Denken Sie daran: Rote Vogelmilben sind leise Killer, also untersuchen Sie vor allem in den warmen Monaten regelmäßig den Stall.

ANTIMILBENBEHANDLUNG VON HÜHNERN UND STALL

Ein natürliches Mittel gegen Rote Vogelmilben ist Kieselerde (Diatomeenerde, Kieselgur), die aus den Mikroskeletten von Kieselalgen (Diatomeen) besteht. Deren scharfe Kanten verletzen die wachsartige Umhüllung der Milben; sie trocknen aus und sterben. Kieselerde ist sehr effektiv und in vielen Drogeriemärkten erhältlich. Sie lässt sich mit der Hand oder einem Zerstäuber aufbringen. Daneben nimmt man an, dass die Milben den Hautgeruch der Hühner oder den Geschmack ihres Blutes nicht mögen, wenn diese Knoblauch gefressen haben. Ich zerdrücke regelmäßig eine Knoblauchzehe und gebe sie zum Trinkwasser, denn das ist außerdem sehr gesund für die Hühner. Im Tierbedarfshandel können Sie auch Knoblauchgranulat kaufen, das sich dem Futter beimischen lässt. Die Eier schmecken dadurch nicht nach Knoblauch. Teebaumöl und Citronella, die zur Stechmückenabwehr verkauft werden, sowie Eukalyptus, Zedernholzöl und Zitronengras sollen allesamt Rote Vogelmilben abschrecken, doch ich habe sie noch nicht ausprobiert.

> **WANN MUSS DER TIERARZT KOMMEN?**
>
> Wenn Sie noch keine Hühnererfahrung haben und sich unsicher sind, sollten Sie stets einen Geflügeltierarzt zu Rate ziehen, auf jeden Fall aber bei
> - schweren Verletzungen
> - sichtbaren Schmerzen
> - Appetitlosigkeit
> - Bewegungsunfähigkeit
>
> Zögern Sie nicht zu lange, manche Seuchen können sich rasend schnell ausbreiten.

Benutzt man natürliche Behandlungsmittel, sollte man mehrere Produkte gleichzeitig einsetzen, etwa Kieselerde und Knoblauch. Es gilt ja, den Lebenszyklus der Milben zu unterbrechen, also sind regelmäßige Behandlungen notwendig.

Chemische Mittel enthalten den Wirkstoff Permethrin, der das Nervensystem der Milben angreift. Die Auswahl an chemischen Antimilbenmitteln ist riesig. Die meisten sind als Pulver erhältlich und bleiben längere Zeit wirksam; dennoch muss man sie regelmäßig einsetzen. Manche Sprays wirken als Repellens (abschreckend), andere zerstören den wachsartigen Überzug der Milben, woraufhin diese austrocknen und sterben. Es gibt auch Rauchbomben mit Permethrin, die zur Behandlung des Stalls ideal sind, weil der Rauch in fast alle Ritzen dringt.

Ivermectin ist ein Antiparasitikum, das nicht für Geflügel zugelassen ist; ein Tierarzt verordnet es vielleicht dennoch nach eigenem Ermessen. Es tötet die Milben ab, schützt die Hühner aber nur für kurze Zeit und löst nicht das eigentliche Problem. Sie müssen das Mittel also ggf. in Kombination mit anderen anwenden (und vor dem Verzehr der Eier die Wartezeit beachten!).

MILBEN IM STALL ELIMINIEREN

Früher strich man den Stall komplett mit Karbolineum (Teeröl) aus, diesen stark gesundheitsgefährdenden Stoff sollte man heute keinesfalls verwenden. In die Ritzen und Spalten gepinseltes Parrafinöl soll ebenfalls wirken. Bedenken Sie, dass es stark riecht und der Stall einige Wochen gelüftet werden muss, bevor die Hühner wieder hineinkönnen. Sinnvoll kann auch ein Kalkanstrich sein. Sprechen Sie mit Ihrem Tierarzt über ein Kontaktinsektizid.

Lötlampen sind sehr wirksam, um die Milben abzuflämmen – doch Vorsicht, dabei kann der ganze Stall in Flammen aufgehen! Hochdruckreiniger helfen auch, doch töten sie die Milben nicht ab, sondern waschen sie nur fort. Dampf-Tapetenablöser kann man ebenfalls am Jahresende benutzen, um die Stallungen gründlich zu reinigen. Schmiert man eine Mischung aus Vaseline und Paraffin in alle Ritzen, ersticken die Milben. Doppelseitiges Klebeband an der Unterseite der Sitzstangen hält die Vogelmilben auf dem Weg zu ihren Opfern fest. In die Ritzen geträufelte Cola soll die wachsartige Außenschicht der Milben auflösen, woraufhin diese austrocknen und sterben. Diese klebrige Variante habe ich noch nicht ausprobiert.

DEN ZYKLUS DURCHBRECHEN

Für welche Methode Sie sich auch entscheiden – bei Milbenbefall empfehle ich stets, mehrere Produkte zu benutzen, um den Vermehrungszyklus zu durchbrechen, und die Behandlung keinesfalls zu früh abzubrechen. Hühner und Stall vorbeugend regelmäßig einzupudern ist besser, als sie später behandeln zu müssen. Damit die Produkte ihre maximale Wirkung entfalten können, sollten Sie jegliche Einstreu entfernen, möglichst auch bewegliche Teile wie Sitzstangen, Zwischenböden und Nistboxen. Wenn das Stalldach aus Dachpappe ist, sollten Sie auch dieses entfernen, denn ich kenne kein Mittel, das hier eindringen kann; ein Dach aus Dachpappe ist somit eine ideale Brutstätte für Milben. Ersetzen Sie es durch eines aus Wellblech oder Holz. Wenn Sie Mittel versprüht haben, muss der Stall wieder völlig trocken sein, bevor die Hühner zurückkehren.

OBEN: Die Zehen eines Huhns. Untersuchen Sie sie regelmäßig auf Verletzungen.

Sonstige Gesundheitsprobleme von A bis Z

Hühner stellen so einiges an, und ein Kratzer hier und da lässt sich nicht vermeiden. Jede Wunde muss mit verdünnter Jodlösung sorgfältig gereinigt, getrocknet und mit antiseptischem Spray versorgt werden. Halten Sie das Huhn während der Heilung abseits der Gruppe, denn mit ziemlicher Sicherheit picken die anderen nach der Wunde. Achten Sie im Sommer darauf, dass keine Fliegen an die Wunde gelangen. Bildet sich Eiter, tragen Sie eine Zugsalbe aus Vaseline und Knoblauch auf. Im Zweifelsfalle sollten Sie einen Tierarzt hinzuziehen.

AUGENINFEKTIONEN

Diesen liegt oft ein ganz anderes Problem zugrunde, darum sollten Sie einen Tierarzt zu Rate ziehen. Bei einer offensichtlichen Infektion können frei verkäufliche Augentropfen gute Dienste leisten. In jedem Fall sollten Sie das Auge mindestens dreimal täglich mit einem mit abgekochtem Salzwasser getränkten Wattebausch reinigen, wenn es vereitert ist, und damit nach Ende der Symptome noch einige Tage fortfahren.

BALLENGESCHWÜRE (PODODERMATITIS)

Sie entstehen, wenn eine Wunde zwar oberflächlich zuheilt, sich in der Tiefe aber Eiter bildet. Untersuchen Sie jedes hinkende Huhn. Ursachen können ungeeignete Sitzstangen sein, vielleicht hat sich das Huhn aber auch eine Kratz- oder Schnittwunde zugezogen. Reinigen Sie den Fuß mit warmem Wasser und tragen Sie eine Jodlösung auf, die man im Tierhandel oder in der Apotheke bekommt. Wenn unter der verheilten Haut immer noch Eiter steckt, tragen Sie eine Magnesiumsulfatsalbe (aus der Apotheke) auf. In manchen Fällen muss der Tierarzt den Abszess spalten, damit der Eiter abfließen kann.

BAUCHEIER

Diese Komplikation ist sehr selten. Dazu kommt es, wenn die wellenförmigen Bewegungen, die das Ei durch den Eileiter schieben, in die falsche Richtung verlaufen. Die Eier werden dann in die Bauchhöhle gelegt, die sich nach und nach mit Eiern füllt. Mit der Zeit senkt sich das Hinterteil der Henne aufgrund des Gewichts immer mehr ab, und sie watschelt wie ein Pinguin. Die Ursache für diese Krankheit ist unbekannt, und es gibt keine Therapie, darum ist die Henne auf humane Weise zu töten.

DEHYDRATATION (AUSTROCKNUNG)

Erhält eine Henne einige Tage lang kein Wasser, verliert sie Federn und legt dann vielleicht für den Rest ihres Lebens nur schlecht. Warnzeichen für eine Dehydratation sind schrumpelige, bläuliche Kämme und Kehllappen sowie dürre Beine. Dem Trinkwasser zur Rehydratation zugesetzte Salze sind hilfreich; sie sind in der Apotheke erhältlich.

ERFRIERUNGEN

Hühner kommen mit Kälte gut zurecht, solange ihr Stall trocken und gegen Zugluft geschützt ist. Hähne leiden mehr, wenn es kalt ist, weil sie zum Schlafen nicht wie die Hennen den Kopf unter die Flügel stecken und Kamm und Kehllappen bei ihnen größer sind. Man kann sie schützen, indem man beides mit Vaseline einreibt.

FEDERPICKEN

Dazu kommt es eindeutig aus Langeweile; manchmal stecken allerdings ein futterbedingter Proteinmangel oder lang anhaltende Hitze dahinter. Bevor Sie voreilige Schlüsse ziehen, sollten Sie prüfen, ob das betroffene Huhn in der Mauser steckt oder von Federlingen oder Milben befallen ist. Fehlen allerdings v-förmige Federstückchen, ist die Sache klar: Ursache sind Schnabelhiebe, Ihre Henne wird Opfer von Federpicken. Diese Unart auszurotten, ist schwer, aber durchaus möglich. Ist Platzmangel die Ursache, verkleinern Sie Ihre Hühnerschar oder vergrößern Sie den Auslauf; bestücken Sie ihn zudem mit Spielzeug und anderen Beschäftigungsmöglichkeiten. Fließt Blut, müssen Sie das Opfer isolieren und seine Verletzungen behandeln. Es gibt spezielle Anti-Pick-Sprays, die übel schmecken und riechen sollen.

Der Angreiferin können Sie eine Art Zaumzeug aus Plastik verpassen, mit dem sie den Schnabel nicht mehr völlig schließen, aber noch fressen und trinken kann. Nach ein paar Wochen kann man dieses meist wieder entfernen. Wenn Sie viel Zeit haben, können Sie die Hühner beobachten und die Angreiferin jedes Mal mit Wasser anspritzen, wenn sie sich danebenbenimmt. Oder Sie schaffen zu Ihren Hennen noch einen ausgewachsenen Hahn an; er wird den Streit regeln. Wenn Sie glauben, dass Proteinmangel die Ursache des Problems ist, geben Sie einige Wochen lang Mehlwürmer oder Lebertran zum Futter. Das hilft außerdem den Hennen bei der Bildung neuer Federn.

HITZSCHLAG

Überhitzung kann bewirken, dass Hühner nicht mehr fressen und dann gar keine, weniger oder nur noch kleine Eier legen. Hühner können nicht schwitzen; sie hecheln, um sich abzukühlen. Schwere Rassen leiden mehr unter Hitze als leichtere. Weiße Vögel sind weniger anfällig als dunkle, weil ihr Gefieder die Strahlung besser reflektiert. Sorgen Sie bei Hitze dafür, dass Ihre Hühner Schatten und reichlich kühles Wasser zur Verfügung haben. Ich friere halbvolle Wasserflaschen ein und lege sie dann in den Auslauf. Rehydratationssalze im Trinkwasser helfen ebenfalls. Die Außenseite des Stalls mit Wasser abzuspritzen, kann Abkühlung verschaffen, und ausgewachsene Hühner finden es oft angenehm, mit einem feinen Wassernebel angesprüht zu werden.

DIE HÜHNER-APOTHEKE

- Obstessig
- Blauspray/Jodlösung
- Medizinischer Alkohol
- Vaseline
- Stärkungsmittel
- Knoblauch
- Lebertran
- Mittel gegen Milben
- Wurmkur
- Mittel gegen Federlinge

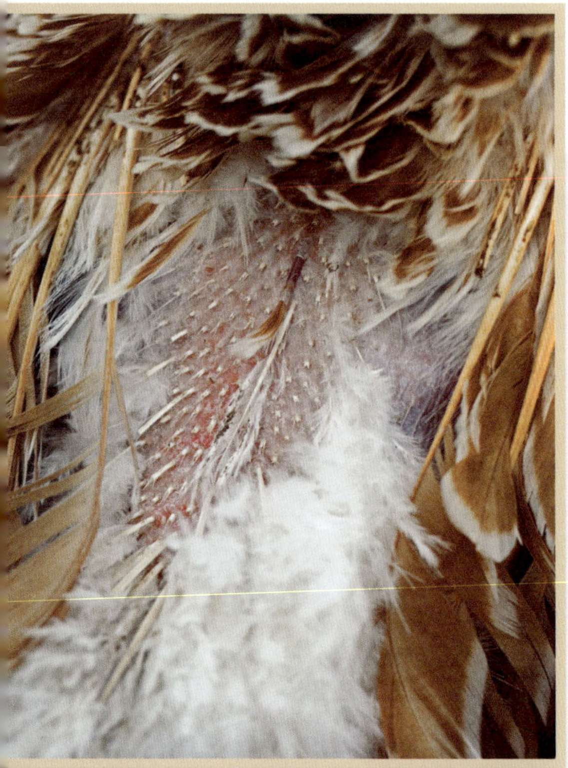

OBEN: Beim Tretakt durch den Hahn abgescheuerte Federn. RECHTS: Eine Gruppe junger Hennen verlässt am Morgen geschäftig den Stall.

KOT AN DER KLOAKE

Klebt Kot im Bereich der Kloakenöffnung fest, sind die Ursachen wahrscheinlich falsche Ernährung und/oder Unterkühlung. Das Leiden ist nicht ansteckend. Wenn Sie den Kot nicht entfernen, kann er eintrocknen und zu einem lebensbedrohlichen Kloakenverschluss führen. Kleine Mengen Gras oder kleingeschnittener Salat im Futter können helfen. Schlägt die Behandlung nicht an, müssen Sie das betroffene Huhn töten.

KRALLENVERLUST

Hühner verlieren manchmal eine Kralle. Reinigen Sie die Stelle und sprühen Sie sie mit antiseptischem Spray ein.

KROPFVERSTOPFUNG

Dazu kommt es, wenn die Hühner abgeschnittenes Gras oder Heu zu fressen bekommen oder etwas fressen, das zur Verstopfung führen kann. Ursachen sind außerdem unausgewogene Ernährung oder schimmeliges Legehennenfutter. Die Folge ist ein angeschwollener, harter Kropf. Wenn Vögel Gras oder andere Pflanzen fressen, picken sie normalerweise kleine Stückchen ab, doch wenn man sie mit derlei füttert und das Grün dabei nicht aufhängt, fressen sie die ganze Pflanze, die sich im Kropf zu einer Kugel zusammenballen kann. Das Huhn sieht elend aus und frisst nicht, weil kein Platz im Kropf ist. Ohne Behandlung wird es verdursten und verhungern. Versuchen Sie, die Verstopfung zu lösen, indem Sie dem Vogel etwas Olivenöl in den Schnabel träufeln und dann den Kropf sanft in Kopfrichtung massieren, damit der Inhalt auflockert und weiter wandert. Oder Sie halten die Henne kopfüber und helfen ihr mit sanfter Massage vom Kropf zum Schnabel, die Verstopfung wieder hochzuwürgen. Tun Sie das nur für kurze Zeit, weil die Henne in dieser Position nur schwer atmen kann. Hilft dies nicht, geben Sie etwas mehr Olivenöl, um den Kropfinhalt aufzuweichen; vielleicht wandert er dann in Richtung Magen weiter. Ist das Tier nach 24 Stunden immer noch krank, muss der Tierarzt einen Kropfschnitt oder eine Kropfspülung vornehmen.

LEGENOT

Seltene Komplikation, verursacht durch ein zu großes Ei, das stecken bleibt. Die Henne sucht häufig die Nistbox auf, ohne ein Ei zu legen, sie wirkt irritiert, bald auch krank und frisst nicht mehr. Ist das Ei sichtbar, schmieren Sie Vaseline als Gleitmittel an die Kloakenöffnung und halten Sie das Hinterteil der Henne (nicht zu dicht!) über eine Schale mit heißem Wasser, damit der warme Dampf ihre Muskeln entspannt. Wenn das nicht hilft und das Ei schon ein Stück herausguckt, machen Sie vorsichtig ein Loch hinein und entfernen alles mit dem Finger. Eventuelle Überbleibsel könnten eine tödliche Infektion verursachen. Haben Sie Bedenken, weil Sie sich die Behandlung nicht zutrauen, konsultieren Sie den Tierarzt.

RECHTS: So hält man ein Huhn über Kopf, um den Kropf zu behandeln.

SAURER KROPF

Das erste Anzeichen ist ein vergrößerter Kropf, der sich anfühlt wie ein teilweise mit Wasser gefüllter Ballon. Ursachen sind meist eine unausgewogene Ernährung und/oder schimmeliges Futter. Um den Kropf zu leeren, halten Sie das Huhn an den Füßen, lassen Sie es kopfüber hängen (siehe Foto Seite 133) und massieren Sie die Masse vorsichtig heraus. Machen Sie das nicht zu lange, denn die Stellung ist dem Huhn unangenehm. Wenn der Kropf leer ist und man einige Tage lang probiotischen Joghurt unter das Futter mischt, kommt die Mikroflora im Verdauungssystem der Henne wieder ins Lot.

SPREIZBEINE

Dazu kommt es, wenn man Küken auf zu glattem Untergrund hält oder der Brutschrank eine zu hohe Temperatur aufwies. Schlüpft ein Küken mit Spreizbeinen, kann man für einige Tage (nicht länger) »Fußfesseln« aus schmalen Pflasterstreifen anlegen, um die Beine in die richtige Position zu bringen. Beginnt man damit schon früh, sind die Erfolgsaussichten gut. Schlägt die Behandlung fehl, ist das Tier auf humane Weise zu töten.

TUMOREN

Tumoren bilden sich meist im Körperinneren an den Fortpflanzungsorganen. Sie sind eine häufige Ursache für geringe Legeleistungen. Manche Tumoren deuten auf andere Probleme wie die Mareksche Krankheit hin, andere nicht. Langsam wachsende Tumoren sind bei älteren Hennen normal, doch weiß man darüber nicht viel.

VERSTAUCHTE ODER GEBROCHENE BEINE

Des Öfteren passiert es, dass ein Huhn sich ein Bein verstaucht, das dann ruhig gestellt werden muss. Ursachen sind u. a. zu hoch angebrachte Sitzstangen und liebestolle Hähne. Übergewichtige Hühner neigen ebenfalls zu Verstauchungen. Beinbrüche sind sehr selten; in diesem Fall ist die humane Tötung das Beste. Einer meiner Kunde ließ einmal einer Henne vom Tierarzt ein Bein amputieren, weil er selbst darauf getreten war und es gebrochen hatte. Die Henne gewöhnte sich zwar schnell an ihr neues Leben, doch der Lieblingszeitvertreib eines Huhns, das Scharren, blieb ihr verwehrt. Außerdem hielt ihr Besitzer sie einzeln, weil die anderen Hennen sie drangsalierten. Meiner Ansicht nach ist es grausam, ein Huhn allein zu halten, denn Hühner sind gesellige Tiere. Denken Sie bei einer Behandlung bitte an das Huhn, nicht an sich selbst.

Tod

»Erlösen« klingt netter als das Wort »Töten«, bei dem jeder erst einmal die Luft anhält. Leider muss man als Hühnerhalter auch etwas über das Töten wissen.

Sie können Ihr Huhn vom Tierarzt erlösen lassen, wenn Sie es selber einfach nicht fertigbringen, aber wenn Ihr Huhn leidet, ist es sehr unfair, es auf einen Termin warten zu lassen und dem Stress des Transports auszusetzen. Ich brauchte jahrelang kein Huhn zu töten, weil glücklicherweise mein Mann da war, um es zu tun. Dann aber entschied er, dass es schließlich meine Hühner und meine Zuständigkeit seien, und weigerte sich, das weiterhin zu übernehmen. Das war ein Schock für mich, aber da er auch meinen Geburtstag immer vergisst, spekulierte ich darauf, dass er seinen Entschluss wieder vergessen würde. Monate später konnte meine acht Jahre alte Henne Gertie plötzlich ihre Beine nicht mehr bewegen. Ihr Zustand war schlimm, und es gab nur eine gute Lösung. Ich rief nach meinem Mann, doch der lächelte nur und sagte: »Es sind deine Hühner, du bist zuständig.« Wütend, aber entschlossen hob ich sie hoch und knuddelte sie. Dann trug ich sie an eine ruhige Stelle abseits der anderen Mädels. Den Hackklotz und das Beil, die wir für unseren Weihnachtsputer benutzt hatten (ich hatte ihn nach meinem Mann »Trevor« genannt, damit es leichter ging), mochte ich einfach nicht benutzen, also brach ich ihr unter Tränen das Genick. Es ging schnell und erstaunlich leicht – abgesehen von den Gefühlen, die ich dabei hatte und die es mir immer schwer machen. Doch ich bin froh, dass mein Mann mich dazu zwang, denn sonst hätte ich es nie selbst gemacht.

Man kann im Internet Tötungsgeräte kaufen, die Hals und Rückenmark eher zerquetschen als brechen. Die britische Humane Slaughter Assosiation (HSA, »Gesellschaft für humanes Schlachten«) rät von diesen Geräten aber ab. Sie empfiehlt, wenn möglich zunächst eine elektrische oder mechanische Betäubung vorzunehmen und sofort darauf das Huhn durch Brechen des Genicks, Köpfen oder Durchschneiden der Kehle zu töten. Handgeräte für die Betäubung mit Strom oder Bolzenschuss sind erhältlich, aber teuer.

In Deutschland schreibt das Tierschutzgesetz vor, dass ohne Betäubung nicht geschlachtet werden darf. Dies kann mit den im Handel erhältlichen Geräten geschehen oder durch einen gezielten, kräftigen Schlag mit einem Holzstück auf den Hinterkopf. Die Tötung erfolgt dann durch eine der folgenden Methoden. (Das Brechen des Genicks am unbetäubten Huhn ist durch das Tierschutzgesetz untersagt.)

Köpfen hört sich grässlich an, ist aber sehr effektiv, und es kann nicht viel schief gehen. Sie benötigen einen großen Hackklotz mit ebener Oberfläche, in den in einem Abstand von 4 cm zwei lange Nägel eingeschlagen sind. Tragen Sie Ihr Huhn ruhig dorthin, abseits der anderen Hennen. Legen Sie seinen Kopf zwischen die Nägel und biegen Sie diese um, sodass die Henne den Kopf nicht wegziehen kann. Trennen Sie dann mit einem einzigen, festen Hieb mit dem Beil den Kopf vom Körper.

Das **Durchschneiden der Kehle** erfolgt am besten unter Verwendung eines Tötungstrichters. Dieser wird der Henne übergestülpt, sodass ihr Kopf aus der kleinen Öffnung herausguckt. Anschließend durchtrennt man mit einem sehr scharfen Messer die Kehle, sodass auf jeden Fall die Halsschlagader durchschnitten wird. Die Henne verblutet sehr schnell.

Nach dem Töten lässt man die Henne ausbluten, rupft sie sofort und nimmt sie aus. Das sollten Sie sich beim ersten Mal von einem erfahrenen Hühnerhalter zeigen lassen.

OBEN: Eine Henne schlendert am Nachmittag durch den Garten.

Hühner leben normalerweise sechs bis acht Jahre. Das älteste Huhn der Welt wurde laut Guinnes-Buch der Rekorde stolze 16 Jahre alt.

Glossar

Abhärten Schrittweises Entwöhnen der Küken von der Wärmelampe.

Ballengeschwür Entzündliche Schwellung am Fuß.

Bart Die Kopffedern unterhalb des Schnabels.

Behang Das Nacken- und Halsgefieder.

Brütigkeit Stadium im Fortpflanzungszyklus einer Henne, in dem sie Eier ausbrütet.

Daunen Weiche, flaumige Federn ohne Schaft; typisch bei Küken.

Doppelt gesäumt Gefiedermuster, bei dem die Federn von zwei parallelen, kontrastierenden Streifen umrandet sind.

Durchleuchtung Methode, um das Innere eines Eies zu kontrollieren.

Echte Zwerghühner (»Urzwerge«) Kleine Hühnerrassen, die etwa ein Viertel so groß sind wie normale Hühnerrassen und keine große Urform haben.

Einstreu Auf dem Boden des Stalles ausgebrachtes Material, das polstert, isoliert und Ausscheidungen aufsaugt.

Eizahn Verhärtete Schnabelspitze des Kükens, mit der es beim Schlupf die Schale öffnet.

Futterspender Behälter, in dem Futter angeboten wird.

Gebändert Gefiedermuster aus abwechselnd hellen und dunklen, horizontal verlaufenden Streifen.

Gefieder Gesamtheit der Federn eines Vogels.

Gefiederputzen Reinigung des Gefieders mit dem Schnabel.

Gesäumt Gefiedermuster, bei dem die Federn von einem kontrastierenden Streifen umrandet sind. Siehe auch »doppelt gesäumt«.

Gesperbert Gefiedermuster mit unregelmäßigen, ineinander übergehenden Streifen.

Getupft Gefiedermuster, bei dem die Federn an der Spitze einen andersfarbigen Tupfen tragen.

Grit Futterzusatz, mit dessen Hilfe Hühner die Nahrung im Muskelmagen zerkleinern.

Gritbehälter Behälter, in dem Grit angeboten wird.

Hackordnung Rangordnung, die die Hühner untereinander ausmachen.

Hahn Männliches, ausgewachsenes Huhn.

Haube Federschmuck auf dem Kopf.

Henne Weibliches, ausgewachsenes Huhn.

Hybridhuhn Huhn, dessen Elterntiere zwei unterschiedlichen Rassen angehören.

Junghenne Weibliches Huhn vor Legebeginn (bis etwa 20. Lebenswoche).

Junghennenfutter Fertigfutter für Junghennen von 6/8–16 Wochen.

Kamm Rotes Hautgebilde auf dem Kopf des Huhns. Er signalisiert Fortpflanzungsfähigkeit und ist oft Ziel von Angriffen.

Kapaun Kastrierter Masthahn.

Kehllappen Fleischige, neben dem Schnabel herabhängende Hautgebilde. Oft rot gefärbt (wie der Kamm).

Kloake Der gemeinsame Ausführungsgang von Darm und Harn- und Geschlechtsapparat. Vögel legen ihre Eier also über dieselbe Körperöffnung, über die sie auch Kot ausscheiden.

Kropf Aussackung der Speiseröhre im unteren Halsbereich. Er dient dem Einweichen und Speichern der Nahrung.

Kutikula (Oberhaut) Schutzschicht, die sich beim Legen auf der Eischale ablagert.

Legebeginn Lebensalter, in dem ein Huhn beginnt, Eier zu legen. Dies kann 16–24 Wochen betragen.

Legehenne Weibliches Huhn nach Legebeginn (ab etwa 21. Lebenswoche).

Legehennenalleinfutter (Legemehl, Legekorn) Fertigfutter für Eier legende Hühner.

Legeperiode Phase, in der eine Henne Eier legt.

Luftkammer Hohlraum am stumpfen Ende des Eis. Ihre Größe gibt Aufschluss über die Frische bzw. (während des Brütens) den Feuchtigkeitsgehalt des Eies.

Mauser Vorgang, bei dem Hühner einmal jährlich ihr Federkleid wechseln.

Mehlfutter Fertigfutter in Mehlform (vgl. »Pellets«).

Muskelmagen Stark bemuskelte Aussackung des Verdauungstrakts, in der die Nahrung mithilfe von Grit zermahlen wird.

Nistbox (Nest) Kasten, in den die Hennen ihre Eier legen. Sie sollte an einem ruhigen und geschützten Platz stehen.

Pellets (Pressfutter) Fertigfutter, das in häppchengroße Brocken gepresst wurde und meist als Alleinfutter gegeben wird (vgl. »Mehlfutter«).

Rassehuhn Hennen, die männliche und weibliche Küken mit einheitlichen Merkmalen hervorbringen und sich reinerbig fortpflanzen.

Sattel Hinterer Rückenbereich beim Huhn.

Schnabelkupieren Verbotenes Entfernen der Oberschnabelspitze, um Federpicken zu verhindern.

Schuppen Die überlappenden Hautplatten an den Läufen und Füßen des Huhns.

Sitzstange Erhöht angebrachte Stange oder Latte, auf der Hühner wie auf einem Ast schlafen.

Sporn Verhornter Fortsatz an der Rückseite des Beines beim Hahn.

Starterfutter Futter für Hühner im Alter von bis zu 6–8 Wochen.

Staubbad Trockene, saubere Stelle mit Erde oder Sand zum »Baden«.

Strichelung Sehr feine Streifen, die dem Verlauf der Feder folgen.

Stutzen Beschneiden der Schwungfedern eines Flügels, um ein Entfliegen zu verhindern.

Tränke Behälter, in dem Trinkwasser angeboten wird.

Tretakt Bezeichnung für den Paarungsakt.

Tretschutz Rückenschutz für Hennen, um sie vor dem Sporen und Krallen des Hahns und vor Pickattacken zu schützen.

Zwerghühner Zwergrassen, etwa ein Viertel so groß wie normale Hühner. Siehe auch »echte Zwerghühner«.

Stichwortverzeichnis

Stichwortverzeichnis

Links und Informationen

Erste Adresse hinsichtlich Informationen zu bestimmten Hühnerrassen sind der **Bund deutscher Rassegeflügelzüchter (BDRG, www.bdrg.de)** und die dort organisierten Landesverbände und Fachverbände, etwa der **Verband der Hühner-, Groß- und Wassergeflügelzüchtervereine e. V. (www.vhgw.de)** oder der **Verband der Zwerghuhnzüchtervereine e. V. (www.vzv.de)**, die wiederum zahlreiche interessante Links auch zu Züchtervereinen in Ihrer Nähe bieten.
Schweiz:
Rassegeflügel Schweiz über **www.kleintiere-schweiz.ch**
Österreich:
Rassezuchtverband Österreichischer Kleintierzüchter, Sparte Geflügel, www.rassegefluegel.at

Informationen findet man ebenfalls bei den jeweiligen Landesverbänden der Geflügelwirtschaft, die über den **Zentralverband der Deutschen Geflügelwirtschaft e. V. (www.zdg-online.de)** organisiert sind.
Österreich:
Zentrale Arbeitsgemeinschaft der österreichischen Geflügelwirtschaft, www.zag-online.at
Schweiz:
Vereinigung der Schweizer Eierproduzenten – GalloSuisse, www.gallosuisse.ch
Diese Verbände vertreten allerdings kommerzielle Produzenten und richten sich weniger an Privathalter.

Futterautomaten, Tränken, Futter und vielerlei sonstige Ausstattung sind im Landhandel erhältlich, etwa bei den **Raiffeisengenossenschaften und -märkten** (Verzeichnis unter **www.raiffeisen.com**). Dort erhält man auch passende Arbeitskleidung. Ökologisches Hühnerfutter ohne Gentechnik ist über verschiedene Anbieter im Internet bestellbar, oder Sie fragen im örtlichen Futtermittelhandel danach.

Verschiedene **Internetforen und -seiten** bieten Plattformen zum Austausch mit anderen Hühnerhaltern und einen reichen Fundus an Ratschlägen und Informationen, so etwa **www.huehner-info.de**, **www.huehnerhof.net** oder **www.vogelforen.de** (dort durchklicken zu den Hühner- und Entenvögeln).
Schweiz: z. B. **www.huehnerforum.ch**

Wer sich über die gesetzlichen Bestimmungen informieren möchte, kann dies anhand folgender Verordnungen:

VERORDNUNG (EG) Nr. 2295/2003 DER KOMMISSION vom 23. Dezember 2003
mit Durchführungsbestimmungen zur Verordnung (EWG) Nr. 1907/90 des Rates über bestimmte Vermarktungsnormen für Eier: **http://eur-lex.europa.eu/LexUriServ/site/de/oj/2003/l_340/l_34020031224de00160034.pdf**

Verordnung zum Schutz landwirtschaftlicher Nutztiere und anderer zur Erzeugung tierischer Produkte gehaltener Tiere bei ihrer Haltung
(Tierschutz-Nutztierhaltungsverordnung – TierSchNutztV):
http://www.gesetze-im-internet.de/bundesrecht/tierschnutztv/gesamt.pdf

Die wertvollsten Informationen aber erhält man fraglos im direkten Austausch mit erfahrenen Hühnerhaltern und vom kundigen Tierarzt! Ratsam ist es auch, sich eine kleine Bibliothek guter Fachliteratur zuzulegen.

Dank

Mein herzlicher Dank gilt meinen Freunden für ihre Hilfe und Unterstützung: Amanda, Ian, Roy und Judy für ihre Stilsicherheit! Ben und Cathie dafür, dass sie sind, wie sie sind – Felsen in der Brandung. Ed, der es fast jeden Tag mit mir aushält. Will für seinen Humor und seine offenen Worte! Luke für sein Wissen und seine Hilfe, wenn etwas schief geht. Allen bei Kyle Books, die dies Buch möglich gemacht haben. Zu guter Letzt meinen vier Kindern und meinem Mann für ihre ständige Hilfe und ihre Begeisterung (selbst bei Schnee) – und für ihre Liebe.

Ich widme dieses Buch Mum und Dad als Dank für meine wunderbare Kindheit, auf der alles gründet.

Impressum

Bibliografische Information der Deutschen Nationalbibliothek

Die Deutsche Nationalbibliothek verzeichnet diese Publikation in der Deutschen Nationalbibliografie; detaillierte bibliografische Daten sind im Internet über http://dnb.d-nb.de abrufbar.

Titel der englischen Originalausgabe:

»Chickens«

First published by Kyle Books, Great Britain

Übersetzung aus dem Englischen von
Kirsten Nutto und Jorunn Wissmann

Deutschsprachige Ausgabe

BLV Buchverlag
GmbH & Co. KG
80797 München

Umschlagkonzeption: Kochan & Partner, München

Umschlagfotos: plainpicture (Vorderseite);
Cristian Barnett (Rückseite und Klappen)

Lektorat: Dr. Friedrich Kögel, Christina Rothe
Herstellung: Hermann Maxant
DTP: Satz+Layout Peter Fruth GmbH, München

Gedruckt auf chlorfrei gebleichtem Papier

Printed in China

ISBN 978-3-8354-1060-2

Hinweis
Das vorliegende Buch wurde sorgfältig erarbeitet. Dennoch erfolgen alle Angaben ohne Gewähr. Weder Autor noch Verlag können für eventuelle Nachteile oder Schäden, die aus den im Buch vorgestellten Informationen resultieren, eine Haftung übernehmen.